CGで甦る
出撃！日本海軍
美麗なCGと詳細な解説で
日本海軍の艦艇と太平洋戦争の流れがわかる
ビジュアルムックの決定版！
JN257025

日本海軍主要艦艇、一堂に会す

太平洋戦争の海戦で大海原を駆け巡った日本海軍の艦艇は、戦艦、空母、重巡、軽巡、駆逐艦など、多様な艦種で構成されている。そのいずれも、列強海軍艦艇と肩をならべる存在だった

重巡 高雄

駆逐艦 白露

軽巡 阿賀野
空母 加賀
戦艦 大和

CGで甦る

出撃！日本海軍 目次

●太平洋戦争は、世界の歴史を左右する大きな戦いでした。しかしいまや、多くの人たちにとって太平洋戦争は、歴史年表のなかのほんの1行でしかありません。しかしその1行のなかには、様々な人の想いや、大海原を駆け巡った艦艇の熱き戦いが秘められています。
●本書では、太平洋戦争で発生した主要海戦を時系列順に追うことで太平洋戦争通史を再現し、さらに各海戦で活躍した日本海軍の艦艇を精密再現されたCGで紹介していきます。
●再現された各艦艇およびジオラマ画像は、詳細な史料の検討を重ね、可能な限り正確を期しています。しかし、なかにはどうしても不明点が生じてしまう箇所もあり、編集部およびCG作家一木壮太郎による判断で推定表現している部分もありますことを御了承下さい。
●「日本海軍人物ガイド」で紹介する人物は、最終階級で表記しています。

第一章 日本海軍艦艇類別

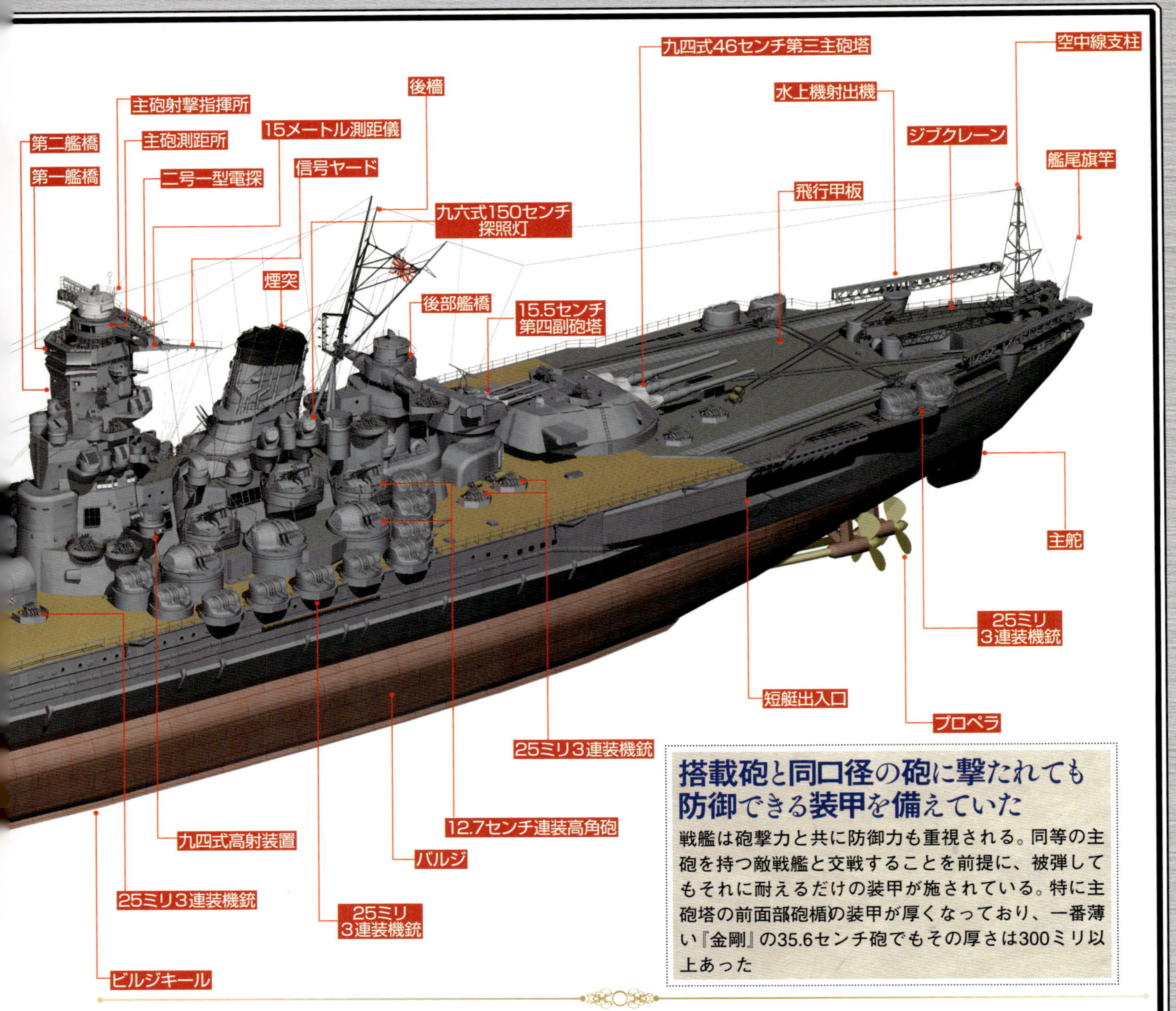

搭載砲と同口径の砲に撃たれても防御できる装甲を備えていた

戦艦は砲撃力と共に防御力も重視される。同等の主砲を持つ敵戦艦と交戦することを前提に、被弾してもそれに耐えるだけの装甲が施されている。特に主砲塔の前面部砲楯の装甲が厚くなっており、一番薄い『金剛』の35.6センチ砲でもその厚さは300ミリ以上あった

巨大な戦艦を保有・運用するには巨額の建造費と維持費が必要だった

海戦の主役の座にあったが航空機の発達で地位が低下

「軍艦はすべて戦艦」と勘違いされることがあるが、戦艦とは軍艦の一種であり、軍艦イコール戦艦ではない。

戦艦とは大口径砲を搭載し敵の艦船を砲撃・撃破することを主任務とした軍艦である。また軍艦の中では最も完備した防禦装甲が施されていることも特徴に挙げられる。

戦艦は、19世紀半ばに誕生した木造の艦体に鉄板の装甲を施した大型装甲艦から発展していった。その後、艦体は鋼鉄製となり、搭載する砲も大口径化していく。1906年、イギリスで建造された『ドレッドノート』によりそれまで建造された戦艦はすべて旧式化し、以降、各国で『ドレッドノート』に準じた戦艦の建造が始まった。日本では、『ドレッドノート』の名に因んだ弩級戦艦と称され、弩級の備砲より口径の大きな砲を持つ戦艦は超弩級と呼ばれる。

戦艦は巨大な排水量と備砲、重厚な装甲を持つため、建造には巨額の費用がかかる。また運用する人員も多く維持費も他の軍艦よりはるかに高いため、多数の戦艦を保有できるのは、日英米仏伊独など列強国に限られていた。

戦艦

戦艦は太平洋戦争が始まるまで海軍の主力とされていた軍艦で、巨大な艦体に多数の砲を備え、厚い装甲を有している

主砲の威力増大に合わせて重厚長大な艦体となっていった

戦艦は巨大な砲を搭載するプラットホームであると見ることもできる。より強力な主砲を搭載するために艦体は大きくなっていった。また砲の射程が伸びると、射撃距離測定を行なうために艦橋も高層化され、戦艦ならではのシルエットが生まれていった

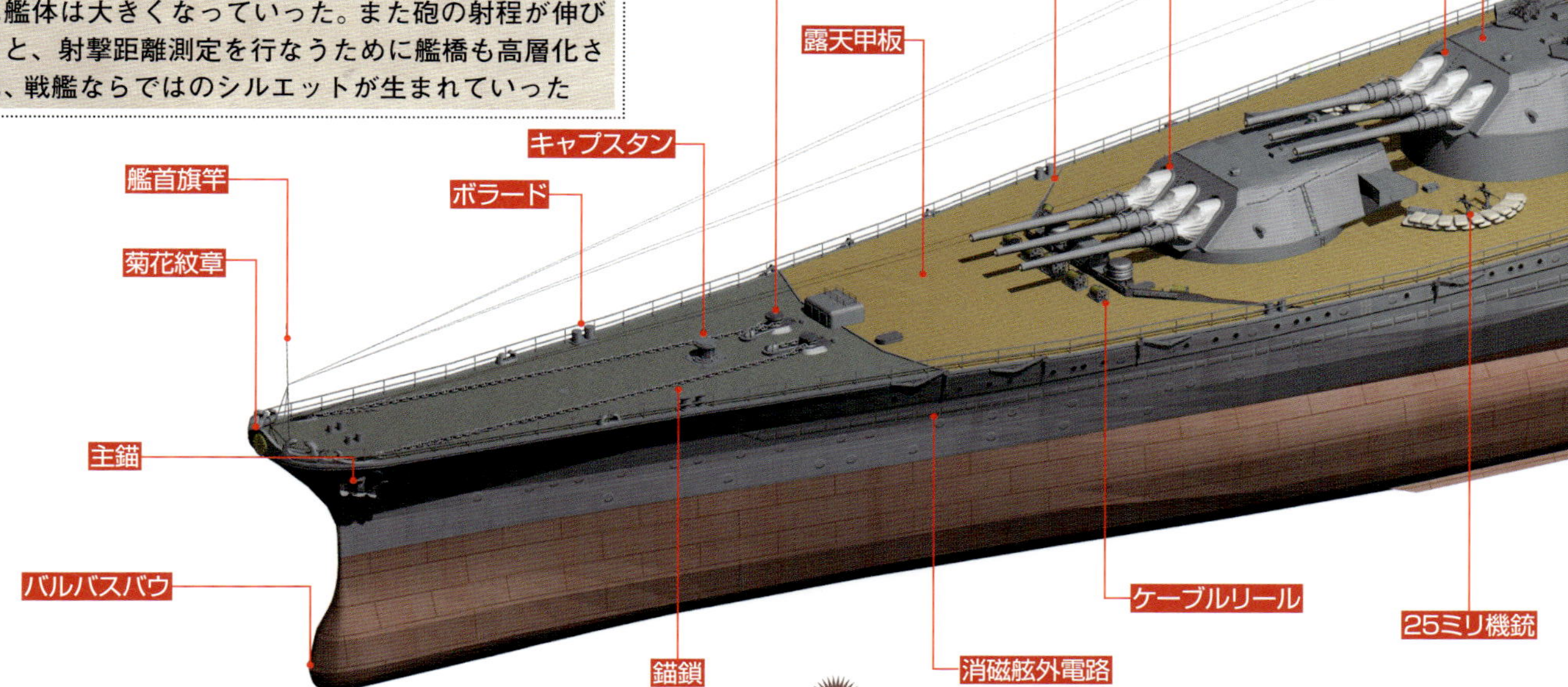

戦艦 伊勢
四一式45口径
36センチ連装砲

戦艦 金剛
毘式45口径
36センチ連装砲

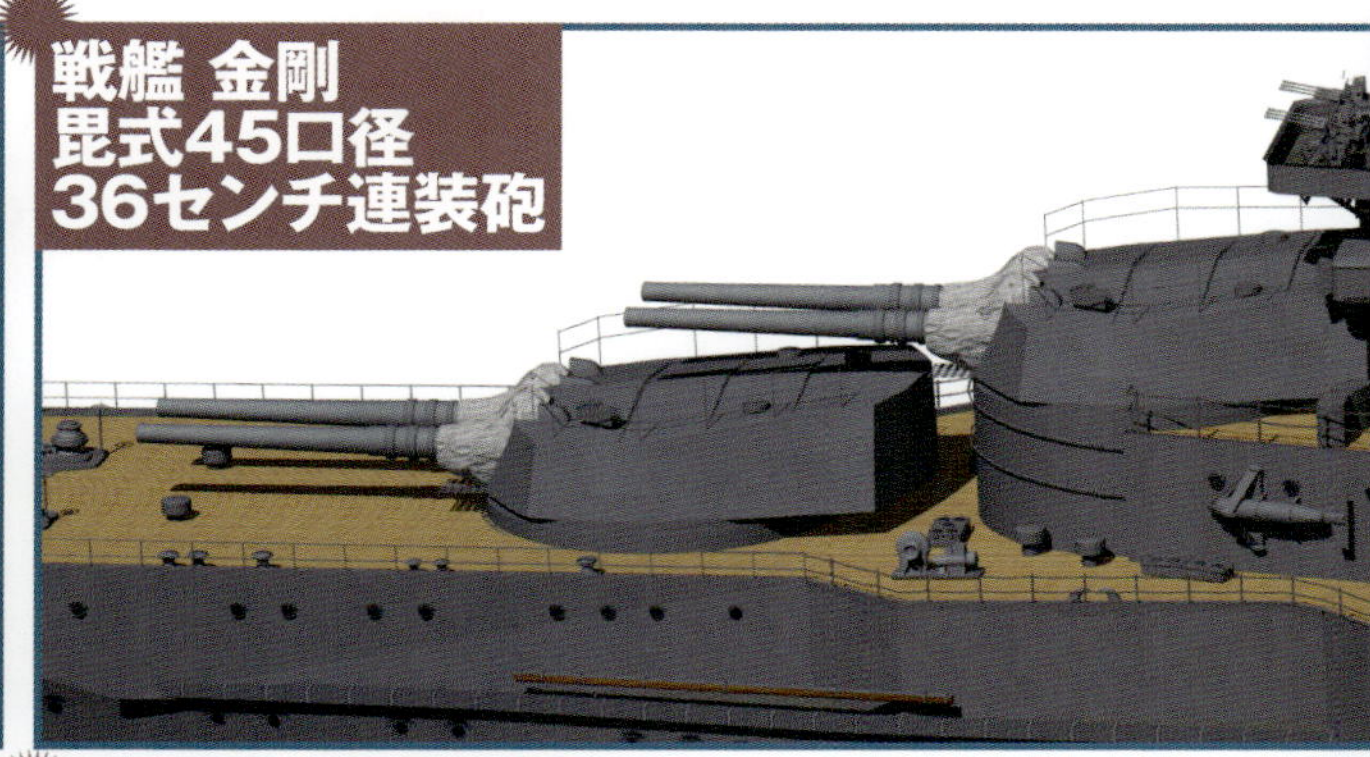

戦艦 長門
三年式45口径
41センチ連装砲

戦艦 扶桑
四一式45口径
35.6センチ連装砲

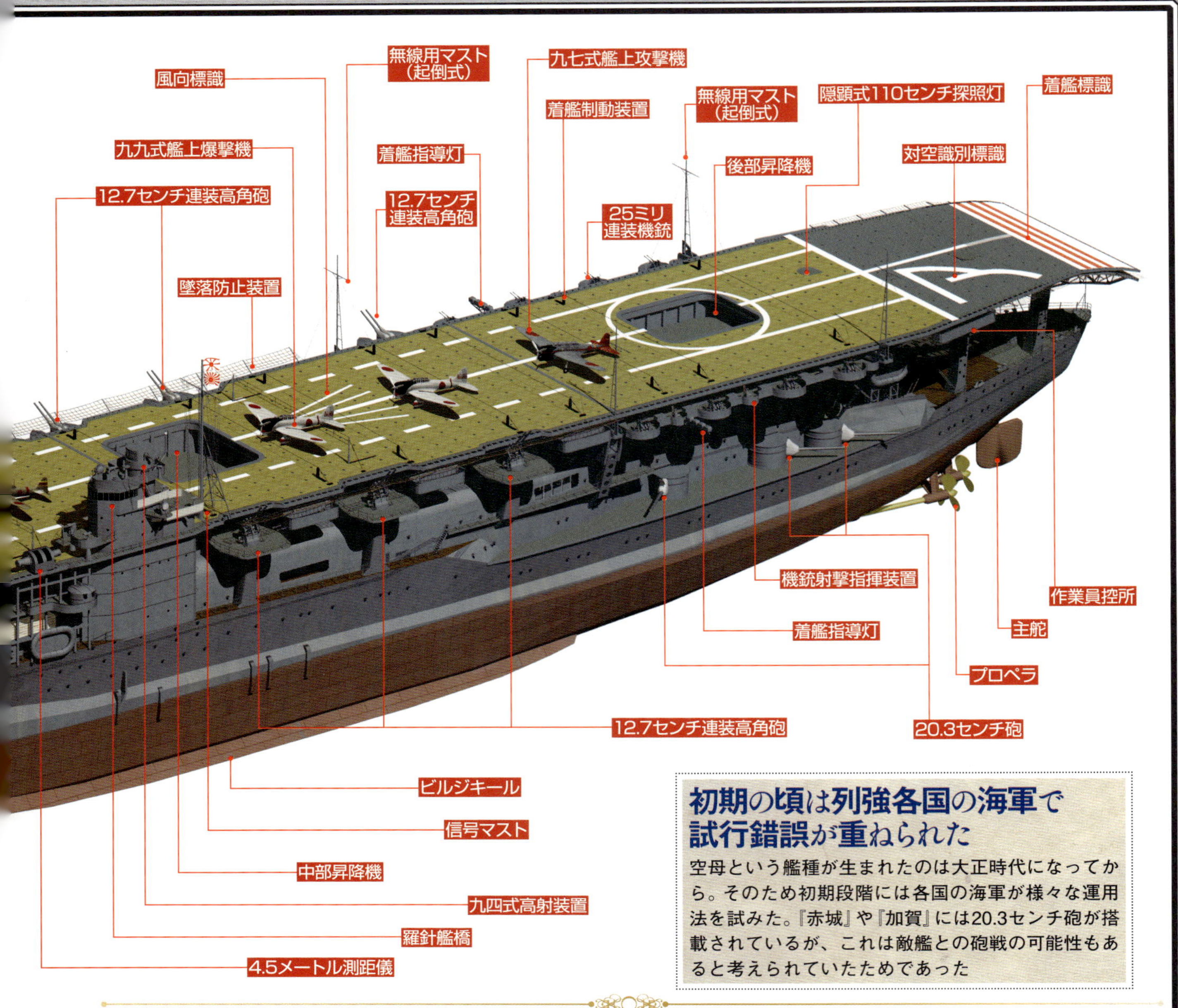

初期の頃は列強各国の海軍で試行錯誤が重ねられた

空母という艦種が生まれたのは大正時代になってから。そのため初期段階には各国の海軍が様々な運用法を試みた。『赤城』や『加賀』には20.3センチ砲が搭載されているが、これは敵艦との砲戦の可能性もあると考えられていたためであった

日本海軍による空母の集中運用が世界の海軍関係者を驚かせた

多数の航空機を搭載し「動く滑走路」とも言われた

正式な名称は航空母艦。略して空母という。空母は太平洋戦争で初めて本格的に運用されることとなった艦種である。多数の艦載機を搭載運用するための装備・施設を備え、艦体上に発着艦用の飛行甲板を有している。

軍艦に航空機を搭載して運用するという動きは、大正時代に各国で生まれた。なかでも日本海軍は、世界初となる水上機運用船『若宮丸』を保有し、第一次世界大戦で実戦投入するなど積極的だった。また小型空母『鳳翔』を英国に先駆けて竣工させるなど、空母の建造および保有にも力を注いだ。

空母は新たな艦種であったため運用には紆余曲折があり、艦橋の位置なども新造する度に変更されるなどしており（代表的な艦橋配置を左ページに示す）、技術的な熟成は航空機の発達と足並みを合わせて進んでいった。

またワシントン海軍軍縮条約により、空母の保有排水量が制限されたが、日本海軍は補助金を出して民間の大型貨客船の新造を推進。有事の際はこれを供出させて空母に改造する計画を密かに進め、太平洋戦争勃発後、多数の商船改造空母が誕生した。

空母

多数の航空機を搭載し、爆弾や魚雷を抱えた航空機による攻撃を行なうのが空母の役割。太平洋戦争では海軍の主力となった

空母赤城 主要艤装品

航空主兵主義という戦術がそれまでの海戦を一変させた

長らく海軍では「戦艦を航空機で沈めることはできない」というのが常識であった。しかし、真珠湾攻撃とマレー沖海戦で航空機で戦艦を撃沈したことから、空母は戦艦に代わる艦隊決戦の主役と目されるようになっていった

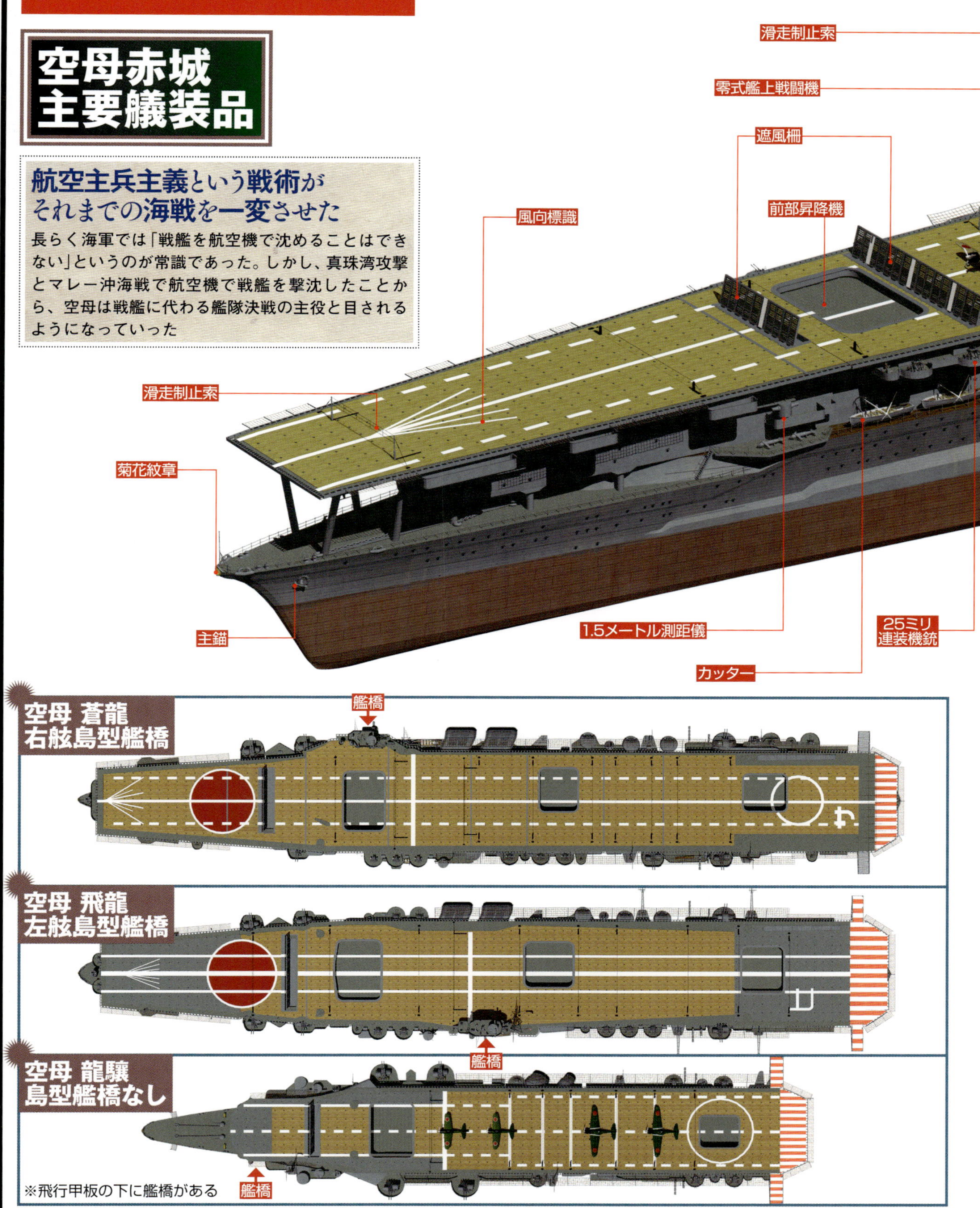

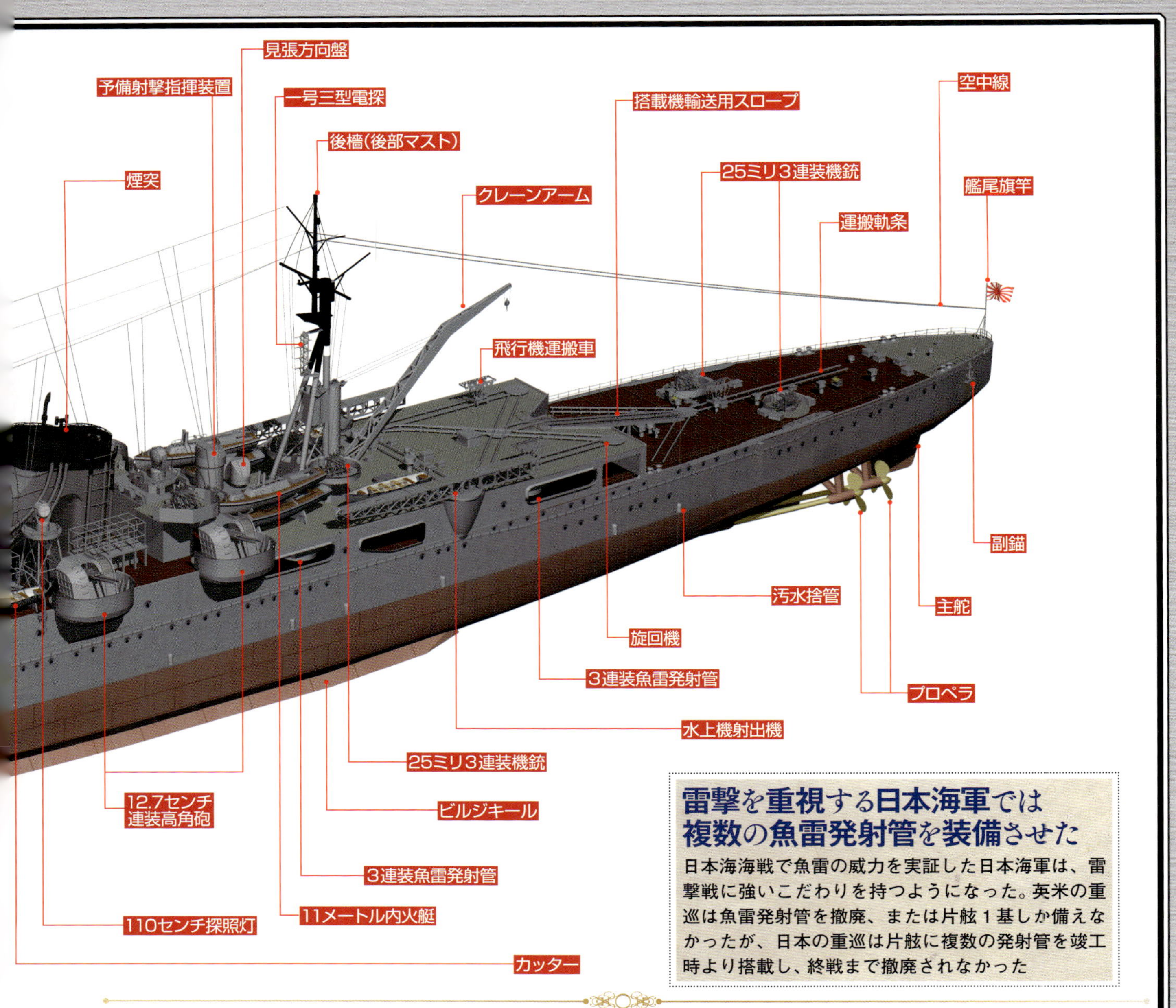

雷撃を重視する日本海軍では複数の魚雷発射管を装備させた

日本海海戦で魚雷の威力を実証した日本海軍は、雷撃戦に強いこだわりを持つようになった。英米の重巡は魚雷発射管を撤廃、または片舷1基しか備えなかったが、日本の重巡は片舷に複数の発射管を竣工時より搭載し、終戦まで撤廃されなかった

強武装化を進めた日本の重巡は他国から恐れられる存在だった

水上機による偵察任務も重巡の重要な役目だった

巡洋艦は速力と航続力が大きく、優れた渡航性を有する水上戦闘艦で、戦艦に次ぐ戦闘力を持っている。また、その汎用性から艦隊決戦や地上砲撃といった直接戦闘だけでなく、偵察や警戒、索敵といった役割も担っていた。

ワシントン海軍軍縮条約により戦艦の保有が制限された日本海軍は、砲戦力を高めた巡洋艦を次々と竣工させていた。10門の20・3センチ砲を搭載した妙高型巡洋艦が竣工すると、英米は強い懸念を持った。そのため、ロンドン海軍軍縮会議が開催され、巡洋艦建造および保有に関して規制がかけられた。

この条約により巡洋艦は、備砲の口径が15・5センチより大きく20・3センチ以下、排水量1万トン以下というカテゴリーaとそれ以下の備砲のカテゴリーbの2種類に分類された。カテゴリーaは日本では一等巡洋艦が正式呼称だが、一般的には重巡(重巡洋艦)で呼ばれることのほうが多い。

日本海軍では、条約の失効を待ってカテゴリーbの巡洋艦の備砲を20・3センチ砲に換装する計画があった。これを受けて最上型軽巡は開戦前に換装が実施され、重巡に生まれ変わった。

重巡

重巡洋艦は戦艦に次ぐ攻撃力と排水量を持ち、主力部隊の直衛、通商破壊、陸上砲撃など多彩な任務を行なう水上戦闘艦である

重巡利根 主要艤装品

背負式の砲塔の後部にも砲塔を持つ配置は日本重巡の特徴だった

重巡は排水量が1万トン以内に制限されていた。主兵器である砲塔をいかに配置するかで各国はそれぞれ独自の配置を生み出した。日本では背負式配置の後部に砲身を艦尾側に向けるピラミッド配置を採用。装甲部を集中できるなど重量軽減に有利だった

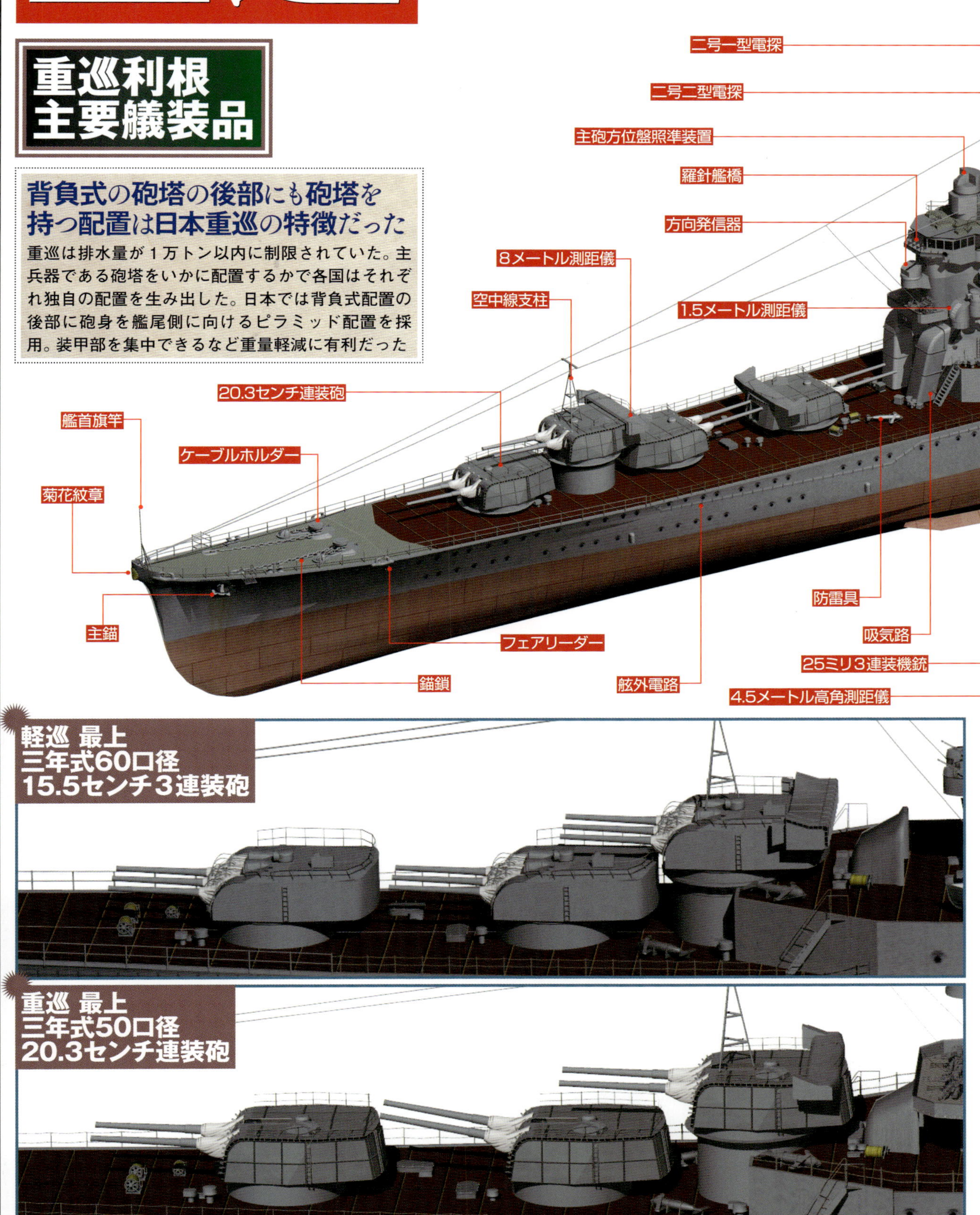

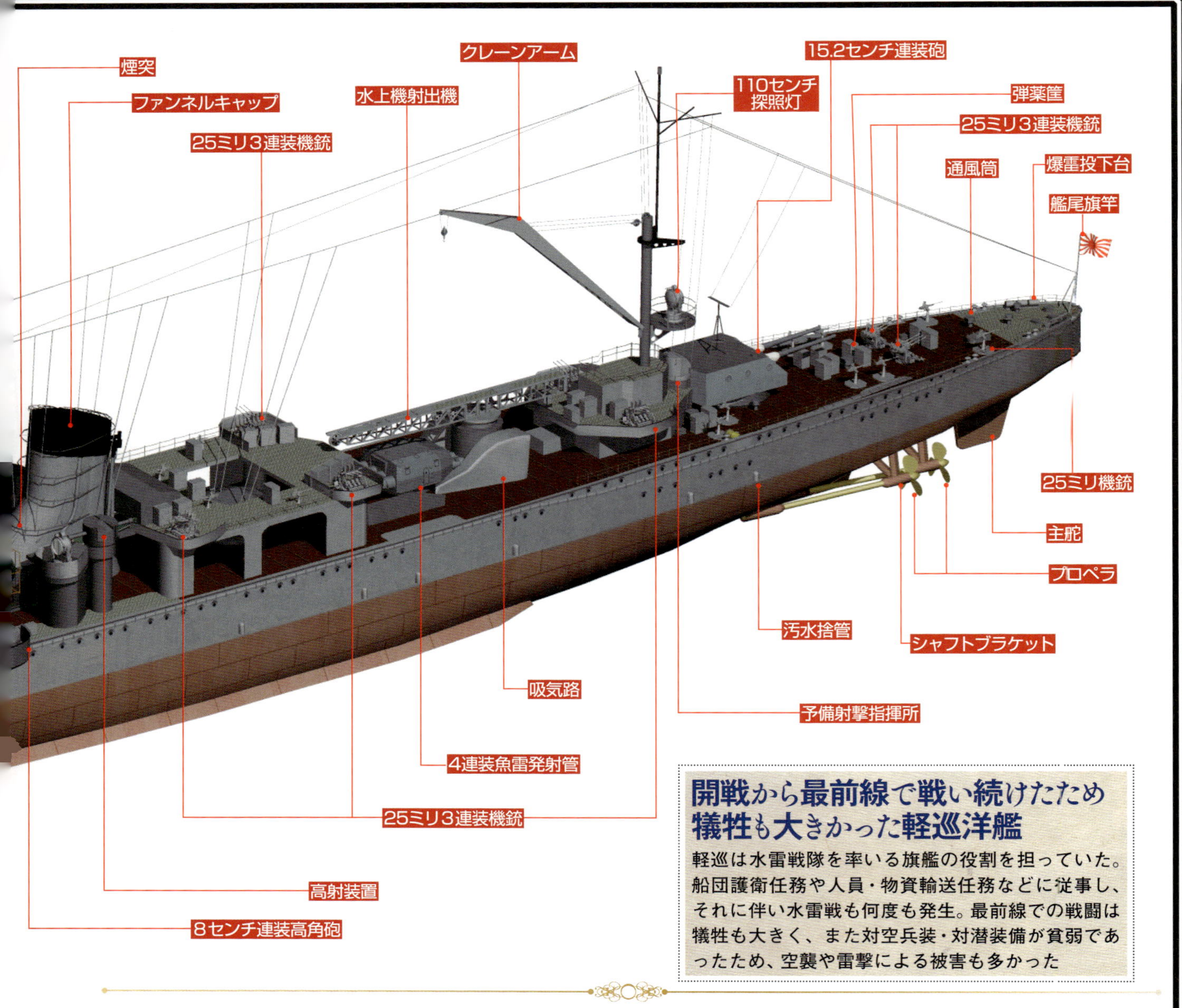

開戦から最前線で戦い続けたため犠牲も大きかった軽巡洋艦

軽巡は水雷戦隊を率いる旗艦の役割を担っていた。船団護衛任務や人員・物資輸送任務などに従事し、それに伴い水雷戦も何度も発生。最前線での戦闘は犠牲も大きく、また対空兵装・対潜装備が貧弱であったため、空襲や雷撃による被害も多かった

駆逐艦隊を率いての雷撃戦を主任務とした軽装甲の快速艦

主砲の多連装化に先鞭をつけた日本海軍の軽巡

軽巡洋艦は砲を主兵装とし、軽度な装甲を施した比較的小型の巡洋艦のことである。近代的な軽装甲巡洋艦は大正時代に英国で誕生し、各国は建艦競争に突入した。この当時、軽装甲巡洋艦の備砲は15・2センチ砲が主流であったが、日本海軍では砲弾を人力で装填できる14センチ砲を採用。初期には単装砲であったが、砲戦力拡充を図るため連装化を進めた。さらに後には15センチ級の砲も採用されている。

他国も日本海軍と競うように単装から連装へと多砲化を進めたため、排水量も増大。過当競争に歯止めをかけるため、前ページで触れたロンドン海軍軍縮会議においてカテゴリーa・bの2種類に分類の上で保有総トン数に制限がかけられた。日本海軍ではカテゴリーbの巡洋艦を二等巡洋艦と呼称したが、一般的には軽巡洋艦と呼ばれる。

日本海軍の軽巡は、駆逐艦で編成される水雷戦隊旗艦の役割が求められた。そのため敵駆逐艦を撃破できる砲戦能力と、駆逐艦と共に雷撃戦を展開できる魚雷を搭載している。また、多数の魚雷を搭載した重雷装艦や潜水戦隊の旗艦任務を目的にした軽巡も生まれた。

軽巡

日本近海へ到来する米艦隊を夜間の雷撃戦で撃滅するため、駆逐艦隊を率いる旗艦として設計建造されたのが軽巡洋艦である

軽巡阿賀野 主要艤装品

重巡へ改装された艦が多かったため軽巡不足に悩まされることに

重巡の保有数を増やすために日本海軍は、最上型の砲を換装し重巡とした。そのため太平洋戦争開戦直後、軽巡が不足するという事態を引き起こしてしまった。最新鋭の阿賀野型軽巡が竣工したのは開戦から１年後の昭和17年（1942）末であった

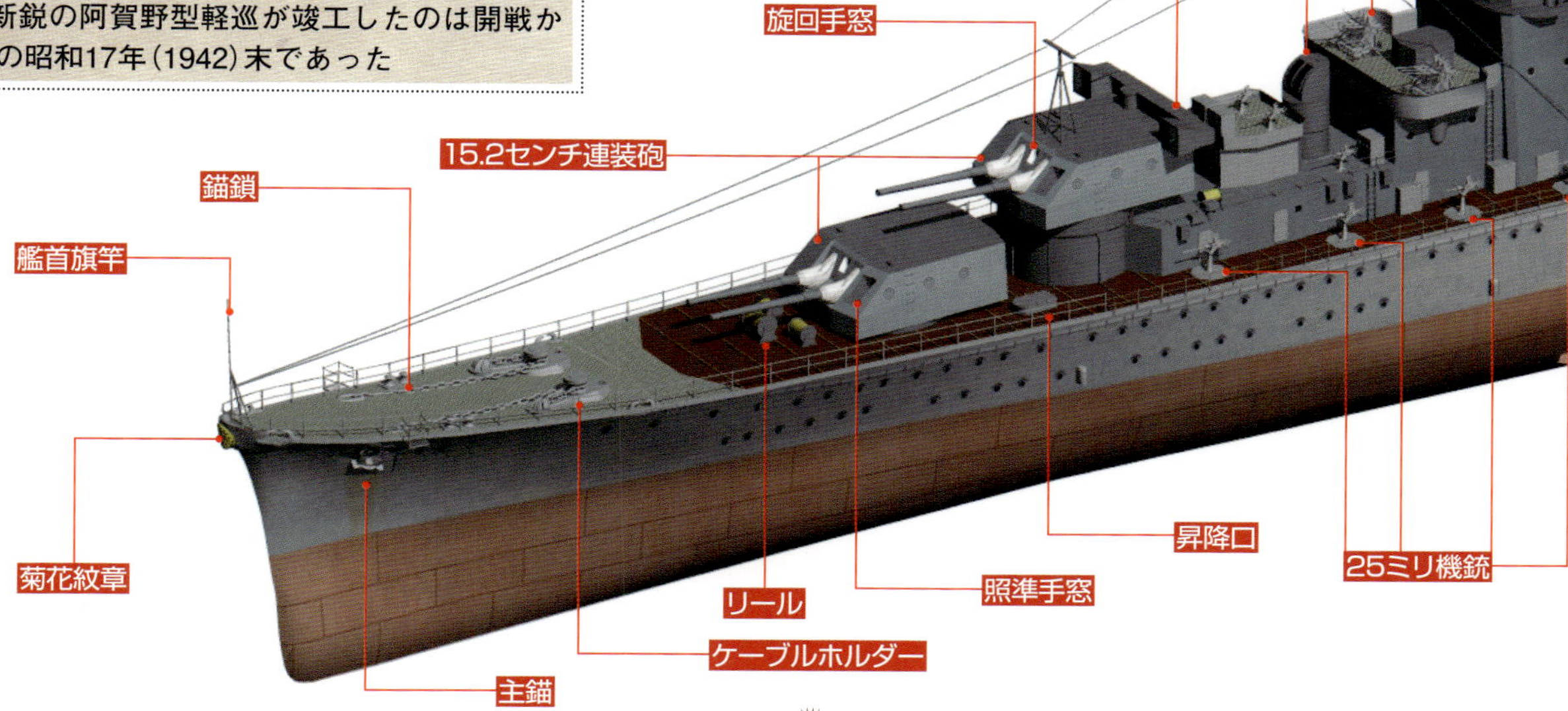

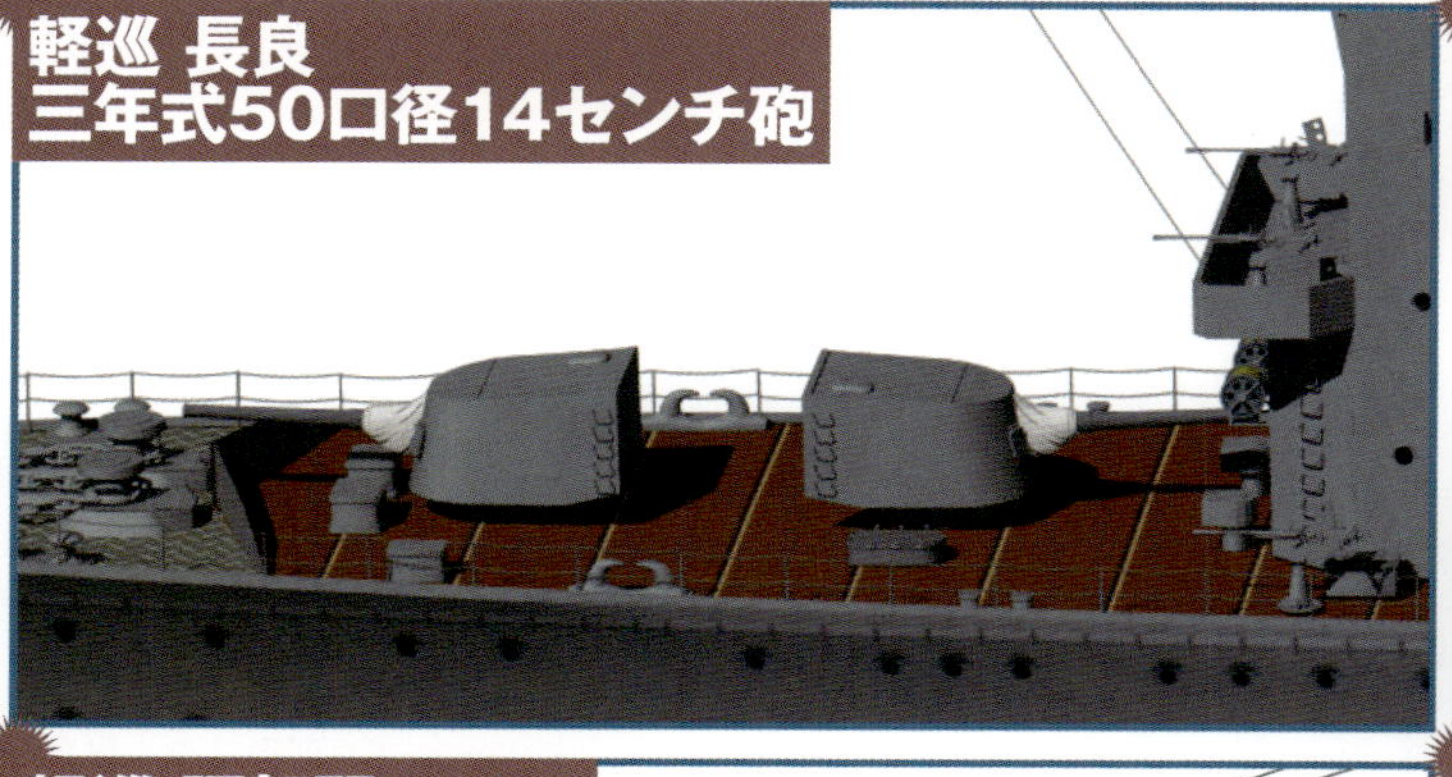
軽巡 長良
三年式50口径14センチ砲

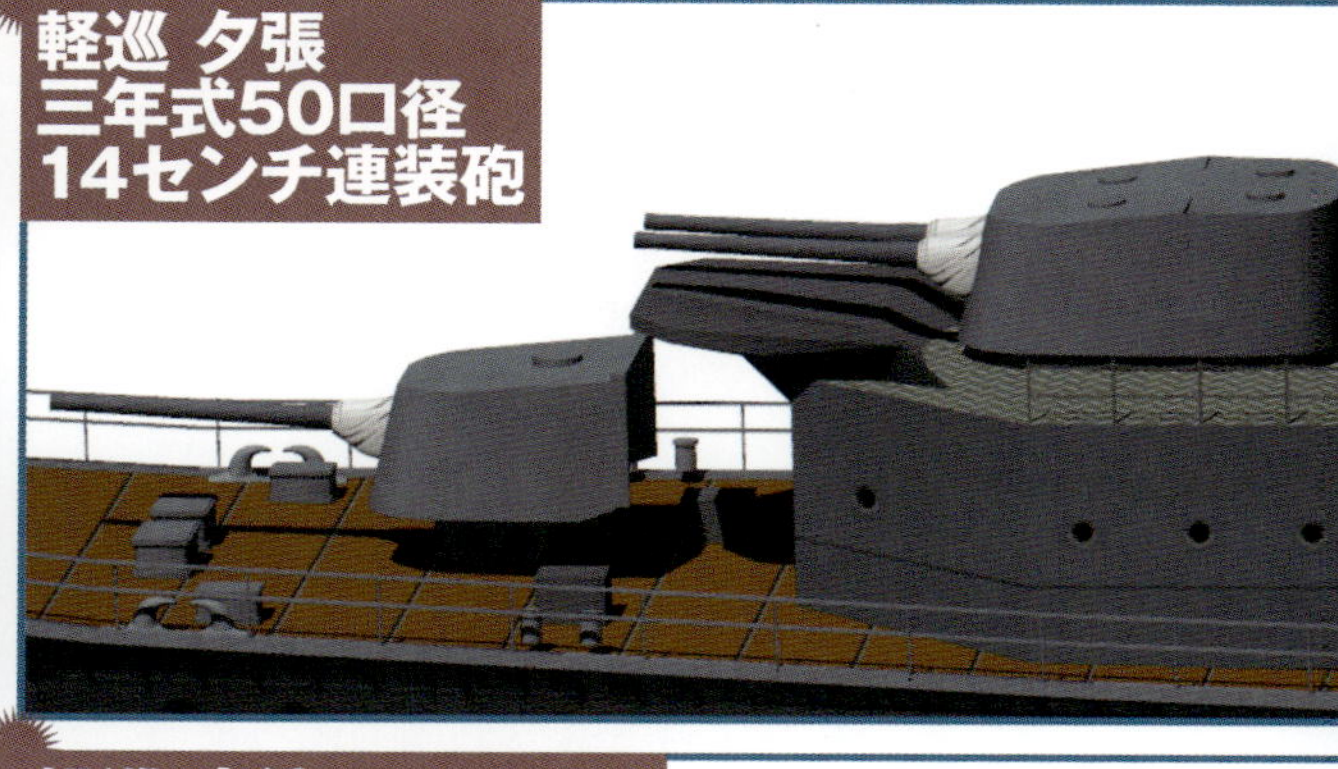
軽巡 夕張
三年式50口径
14センチ連装砲

軽巡 阿賀野
四一式50口径
15.2センチ連装砲

軽巡 大淀
三年式60口径
15.5センチ３連装砲

次発装填装置を採用したことで雷撃の機会は他国の倍になった

魚雷は出撃前に発射管に搭載し、戦闘で雷撃すれば戦闘終了まで再装填できなかった。しかし、日本海軍では魚雷格納庫を設置し、戦闘中に再装填する次発装填装置を採用。雷撃で他国を圧倒しようとした

開戦直後から常に最前線で活躍したが損耗も激しかった

開戦から終戦まで活躍し激戦により多くが喪失

駆逐艦は、魚雷を搭載した水雷艇を砲撃で駆逐するために建造された艦艇である。その後、魚雷を搭載し敵艦を襲撃するようになった。日本海海戦で駆逐艦が夜間雷撃戦でバルチック艦隊を痛打したことから、日本海軍では夜間水雷戦を重視するようになり、駆逐艦の雷撃能力の向上が図られていくようになった。

魚雷発射管の増加に従い排水量も増大。外洋での航行性能も上がっていった。また第一次大戦の戦訓を受けて対潜能力の充実も図られた。艦尾部に爆雷投射機や爆雷投下軌条を設置し、潜水艦撃滅能力を付与された。

これにより駆逐艦は、雷撃・砲撃、艦隊・船団護衛、対潜、防空、哨戒、偵察、輸送、上陸戦支援など広範囲な任務につき、万能艦的な存在となった。

太平洋戦争開戦時に、日本海軍は約110隻の駆逐艦を保有していたが、その多くは最前線に投入され、海軍進撃の一翼を担った。しかし、防御力をほとんど持たない駆逐艦は、激戦のなかで次々と喪失。その穴を埋めるべく60隻以上が追加で竣工したが、終戦時にはわずか39隻しか残っていなかった。

駆逐艦

駆逐艦は艦隊に随伴し多数の魚雷を投射して敵主力の撃滅を主任務とする比較的小型の艦だが、偵察や哨戒、海上護衛など多方面で活躍した

駆逐艦 主要艤装品

駆逐艦は軍艦ではない!? 日本海軍の艦艇類別

もともと駆逐艇と呼ばれる補助艦艇だった。艦体が大型化し駆逐艦に名称が変わったが、軍艦には含まれなかった

駆逐艦 峯風
六年式連装発射管

駆逐艦 睦月
一二式61センチ3連装発射管

駆逐艦 白露
九二式61センチ4連装発射管&次発装填装置

駆逐艦 陽炎
九四式爆雷投射機&爆雷投下軌条

「菊花紋章」がつけば軍艦 2種類があった日本海軍の艦艇

日本海軍では軍艦とされたのは戦艦、巡洋艦、空母、特務艦、砲艦、海防艦、水上機母艦などと決まっており、排水量の大小には関係なかった。軍艦は艦首に菊花紋章が付けられておりひと目でわかった

用途や活動領域などにより専用の艦艇が建造された

特定の任務に特化した設計がなされていた

領海の国防を担っていた日本海軍では、戦艦や空母、巡洋艦といった戦闘艦艇だけでなく、海上警備、哨戒、輸送任務など様々な業務に従事する艦艇が数多くあった。

「浮かぶ修理工場」と呼ばれ、本土から離れた根拠地に赴いた工作艦、海外で入手できない日本食を調理・提供する給糧艦、機雷敷設や防雷網を展開する敷設艦や、北方領海の警護する海防艦、中国大陸で砲艦外交を担った砲艦、物資や人員の運搬を行なう輸送艦、沿岸に敷設された機雷を除去する掃海艇、沿岸警備を行なう水雷艇（魚雷艇）など、それぞれの任務に特化した大小様々な艦艇を配備していた。

なかでも日本海軍独自の艦とされるのが水上機母艦であった。飛行場建設能力に劣る日本海軍では、海上で多数の水上機を運用できる水上機母艦が重要視されたためである。

本来沿岸部での活動が主任務であった小艦艇も太平洋戦争後半には、駆逐艦の不足により外洋での船団護衛などの任務にも従事するようになったが、本来の活躍の場ではなかったため、戦闘により大きな損害を出していった。

その他の艦艇

その他艦艇主要艤装品

海軍では艦隊決戦だけでなく、後方支援、哨戒、索敵、警備、輸送、航路保全など様々な任務に従事する艦艇を保有し、運用していた

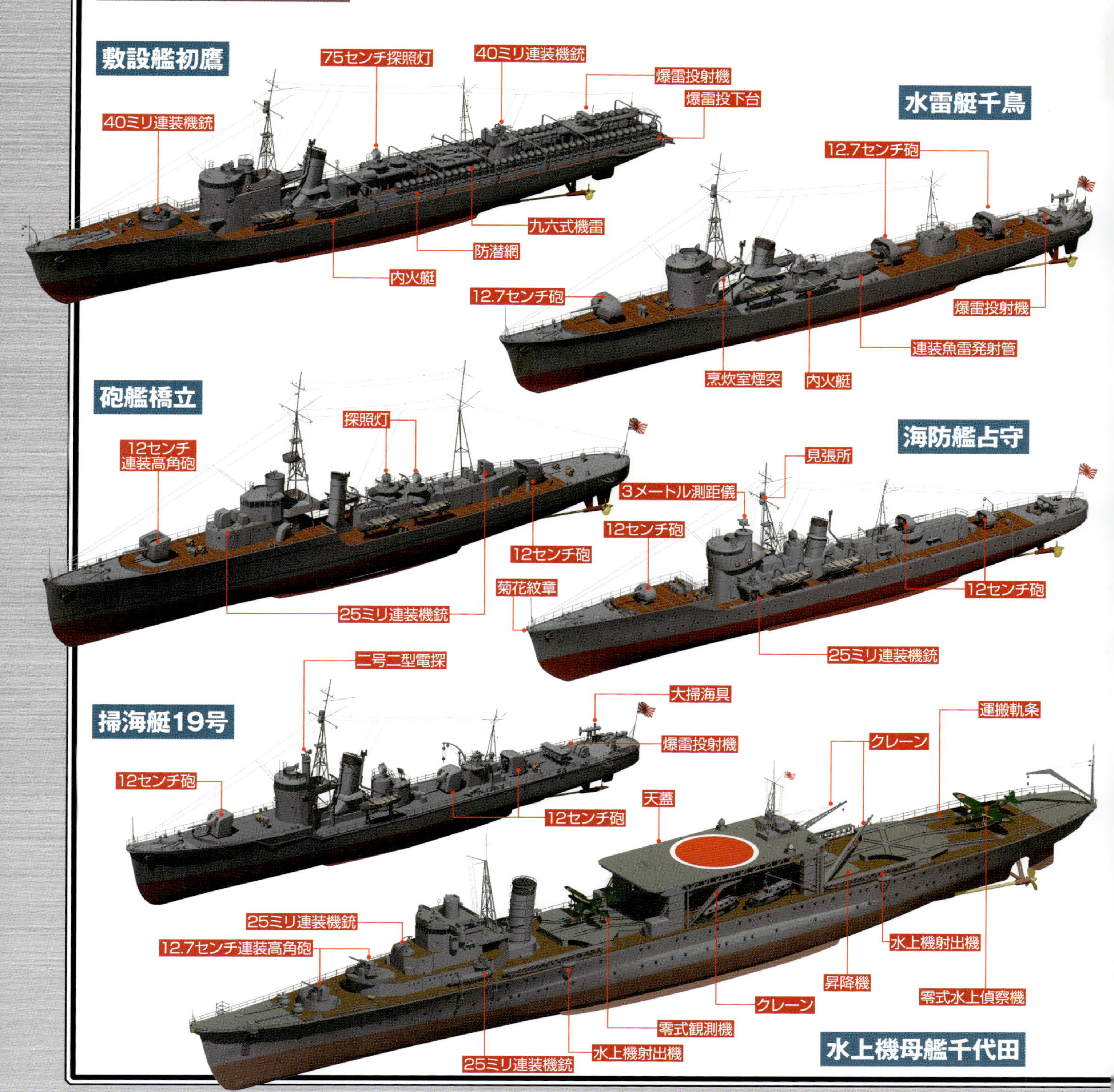

COLUMN

開戦時の日本海軍

世界の海軍の趨勢に反して航空主兵主義を模索し、機動部隊の編成に着手していた連合艦隊だったが、海軍の中心は相も変わらず大艦巨砲主義にこだわり続けていた

開戦には間に合わなかったが、真珠湾攻撃の直後に完成した戦艦『大和』は、世界最大の艦載砲を搭載した唯一無二の巨大戦艦だった。これまでの日本海軍がめざしてきた大艦巨砲主義の象徴的存在である

海軍中央の戦略思想に反した連合艦隊司令長官山本大将

太平洋戦争開戦時の日本は、世界第3位の海軍大国となっていた。

軍縮条約の結果、戦艦の数こそアメリカに劣っていたが、空母の保有数ではアメリカに匹敵し、アメリカが太平洋と大西洋の両面作戦を担わなければならないとしたら、圧倒しているともいえた。

しかし、海軍部内では深刻な戦術の対立が起こっていたことも事実。日本海軍は軍縮条約の期限切れを睨んで、46センチ主砲を搭載する大和型戦艦3隻を建造中だった。これは海軍が対米戦を、戦艦を中心とした大艦巨砲主義で戦おうとした結果である。しかし、連合艦隊司令長官に就任した山本五十六大将は、時の海軍部内では珍しい航空主兵論者だった。これからの海戦は、日本海海戦のような戦艦同士の艦隊決戦は起こらない。航空機の能力が大きく発達している以上、海戦の主力は空母に搭載した艦載機による艦船攻撃になる。そう主張したのだ。

しかし、当時はまだ航空機の攻撃で戦艦が沈んだ例はなかった。その根拠でまだまだ大艦巨砲にこだわる者も多く、機動部隊を中心とした航空兵力の拡大を行なえないでいたのが開戦時の海軍だった。

海軍主流派の予測に反して、太平洋戦争の主力となった機動部隊の旗艦を務めた空母『赤城』

第二章 機動部隊快進撃

昭和16年12月～昭和17年6月

昭和16年12月〜昭和17年6月

太平洋戦争初期はこう動いた

日本海軍 連戦連勝！

開戦前、日本軍は石油などの資源をアメリカからの輸入に頼っており、それを禁輸されたのが開戦へと至るきっかけとなった。海軍の作戦構想はインドネシアの油田を確保し、戦争継続能力を確保するのが主目的とされていた

緒戦を支えた蘭印での輸送艦護衛と機動部隊の快進撃

開戦に向けての大本営の戦略構想は、南方のインドネシア（蘭印）を中心とした資源地帯の確保と、輸入航路の確立だった。その戦略に基づき海軍は、当時アメリカ領だったフィリピンやマレー半島、蘭印などの攻略作戦を展開。それと同時に、山本五十六連合艦隊司令長官は開戦直後に、アメリカ太平洋艦隊の根拠地ハワイ真珠湾を奇襲することを計画。結果的に、この真珠湾攻撃と、フィリピンへの航空隊の攻撃によって、太平洋戦争の火蓋は切られることとなった。

真珠湾攻撃、フィリピンのクラーク基地空襲の成功によって、日本軍は瞬く間に西部太平洋の制海権を確保することとなった。さらに、マレー沖海戦でシンガポールに展開していたイギリス東洋艦隊を撃破したことにより、南西太平洋でも日本軍は有利に事を運ぶすることができた。

昭和17年（1942）に入ってからは、まだ蘭印を根拠地とするアメリカ、イギリス、オランダ、オーストラリアの4ヶ国艦隊との戦いが始まり、日本軍は重巡部隊や水雷戦隊を送り出してこれを排除しようとした。4ヶ国艦隊は、蘭印の制圧を狙う日本軍にとっては最大の脅威となっていた。陸軍の輸送船団を護衛する海軍と、それを阻止しようとする4ヶ国艦隊。ジャワ沖海戦に始まりバリ島沖海戦、スラバヤ沖海戦など何度も激突を繰り返すが、ついにバタビア沖海戦で、日本軍はこの方面の敵艦隊を一掃することができた。

海戦における航空機の優位性を立証して、連合艦隊の中核戦力となった機動部隊も活発に活動している。開戦初

昭和16年（1941）

12月8日 真珠湾攻撃 P22参照

12月8〜23日 ウェーク島沖海戦 P26参照

12月10日 マレー沖海戦

被雷して真珠湾に着底した戦艦『カリフォルニア』。周囲にも無数の黒煙が上がる

頭から南方に展開し、ラバウル攻略作戦、ポートダーウィン空襲などの戦果を重ねた。そして、セイロン沖海戦ではイギリス東洋艦隊を撃破。無敵の快進撃を続けていたが、山本長官の肝入りで実施した6月のミッドウェー海戦では、索敵の失敗から4隻の制式空母を喪失するという惨敗となった。

Episode

寄せ集め部隊に過ぎなかった4ヶ国艦隊

4ヶ国艦隊はそれぞれの国の頭文字をとってABDA艦隊と呼ばれていた。しかし、この方面に展開するアメリカとイギリスの艦艇は少なく、寄せ集めても重巡2隻、軽巡3隻、駆逐艦10隻程度の規模しかなかった。総指揮官は、オランダ海軍のドールマン少将が務めていた。

日本軍より明らかに劣勢だったので、ドールマン少将は夜陰に紛れて日本の輸送艦隊に接近する奇襲戦法を採ってきたが、夜戦は日本海軍のお家芸だった。劣勢になると逃走するという戦術を繰り返していたが、ドールマン少将はジリ貧状態になり、ついに壊滅してしまった。

昭和16年(1941)12月8日

真珠湾攻撃

宣戦布告と同時に機動部隊で奇襲をかける山本五十六長官の作戦は的中した

赤城型空母

赤城 AKAGI

竣工・昭和2年(1927) 3月25日〜 沈没・昭和17年(1942) 6月6日	
基準排水量	3万6500トン
全長	260.7メートル
搭載航空機	艦戦18機(補機3機) 艦攻27機(補機3機) 艦爆18機(補機2機)

南雲機動部隊の旗艦を務め東奔西走

史上初めて制式空母6隻を連ねた機動部隊の旗艦を務めたのが、この『赤城』。真珠湾攻撃では司令長官の南雲忠一中将や、攻撃隊隊長の淵田美津雄中佐が座乗していて、作戦全般の指揮を執った

加賀型空母

加賀 KAGA

竣工・昭和3年(1928) 3月31日〜 沈没・昭和17年(1942) 6月5日	
基準排水量	3万8200トン
全長	247.65メートル
搭載航空機	艦戦12機(補用3機) 艦攻36機(補用9機) 艦爆24機(補用6機)

当時は日本最大の空母

旗艦『赤城』とともに第一航空戦隊を構成した『加賀』は、排水量では日本最大の空母で、熟練搭乗員を揃えていることでも有名。真珠湾攻撃で『加賀』の攻撃隊はアメリカ戦艦部隊への雷爆撃で大きな戦果を上げた

九九式艦上爆撃機

固定脚の古めかしい外観だが、急降下性能に優れた爆撃機。真珠湾攻撃では急降下爆撃隊のすべてがこの九九式艦上爆撃機で編成され、彼らによるフォード飛行場への急降下爆撃で戦いの火蓋は切られた

全幅	14.40メートル
全長	10.20メートル
最高速度	時速382キロ
武装	7.7ミリ機銃×2 爆弾250×1

九七式艦上攻撃機

本来の用途である雷撃以外にも、500キロ爆弾を搭載して水平爆撃にも使用された艦載機。真珠湾攻撃では淵田攻撃隊長がこの九七式艦上攻撃機に搭乗して、攻撃隊の指揮を執った

全幅	15.51メートル
全長	10.3メートル
最高速度	時速378キロ
武装	7.7ミリ機銃×1 爆弾800キロまたは魚雷800キロ×1

真珠湾フォード島の東岸に停泊中の米太平洋艦隊戦艦群に九七艦攻の魚雷が命中し、戦艦『オクラホマ』の側面に水柱が立ち上がっている

陽炎型駆逐艦 不知火 *SHIRANUI*

竣工・昭和14年(1939)12月20日〜	
沈没・昭和19年(1944)10月27日	
基準排水量	2000トン
全長	118.5メートル
主兵装	50口径12.7センチ連装砲 2基4門

当時としては最新鋭だった陽炎型駆逐艦の2番艦。この『不知火』ばかりではなく、陽炎型の姉妹艦の多くは機動部隊の警戒隊として参加していた

零式艦上戦闘機二一型

全幅	12メートル
全長	9.05メートル
最高速度	時速533キロ
武装	20ミリ機銃×2 7.7ミリ機銃×2

昭和15年（1940）7月に制式採用された零式艦上戦闘機は、格闘性能で当時の他国の戦闘機を圧倒していた。真珠湾攻撃でも制空隊として各空母がこの零戦を採用し、オアフ島上空のアメリカ軍戦闘機を制圧し続けた

真珠湾攻撃　攻撃隊の進路

第1次攻撃隊
第2次攻撃隊
電撃隊
カフク岬
ハレイワ飛行場
ホイラー飛行場
ハワイ オアフ島
フォード島
カネオヘ飛行場
バーバースポイント飛行場
ヒッカム飛行場
真珠湾
…水平爆撃隊
…急降下爆撃隊
…制空隊

山本長官がこだわった作戦が真珠湾への奇襲攻撃だった

もし日米開戦となるなら、緒戦で米太平洋艦隊を撃破しておかないと、戦争の継続も危うくなる。そう考えた連合艦隊司令長官・山本五十六大将は、米太平洋艦隊の根拠地であるハワイ・オアフ島の真珠湾への奇襲攻撃を立案。これまで戦艦部隊の補助役程度と考えられていた空母を集め、機動部隊を編成。秘密裡にハワイ諸島に接近して、航空攻撃だけで真珠湾に奇襲攻撃をかけるというものだった。

この投機的な作戦に海軍上層部は猛反対したが、山本長官は自身の職を賭して決定させ、機動部隊は開戦を待たずハワイに向けて出航することになる。

奇襲作戦は成功したが空母は撃ち漏らしてしまった

奇襲作戦が決定すると、当時日本が保有していた6隻の制式空母が機動部隊として編成され、指揮官には南雲忠一中将（当時）が任じられた。南雲機動部隊は昭和16年（1941）11月に、千島列島択捉島単冠湾に集結。26日にはまだ日米交渉が続いていたが、ハワイに向け出撃した。そして、12月2日に「ニイタカヤマノボレ」の作戦決行命令を受領する。

南雲機動部隊の接近は、アメリカ軍に気づかれることはなかった。開戦予定日の12月8日、機動部隊は戦爆連合183機の第一次攻撃隊を発進させた。アメリカ軍の真珠湾基地では、空襲が始まって初めて、開戦を知るという事態となった。「これは、演習ではない」という有名な言葉が発せられ、慌てて迎撃態勢をとっている。しかし、その時にはすでに真珠湾内は紅蓮の炎に包まれていた。

結局、2度にわたる空襲で、戦艦5隻を撃破し、他の戦艦も損傷させ、太平洋艦隊の戦艦部隊を事実上撃破した。しかし当日、アメリカの空母部隊が不在で、それを撃ち漏らしたことが後の苦戦へと繋がっていくこととなる。

真珠湾攻撃参加艦艇表

●日本軍
★機動部隊
第1航空艦隊　司令長官／南雲忠一中将
第1航空戦隊　南雲忠一中将直率
【空母】赤城、加賀
第2航空戦隊　司令官／山口多聞少将
【空母】蒼龍、飛龍
第5航空戦隊　司令官／原忠一少将
【空母】瑞鶴、翔鶴
第3戦隊　司令官／三川軍一中将
【戦艦】比叡、霧島
第8戦隊　司令官／阿部弘毅少将
【重巡】利根、筑摩
第1水雷戦隊　司令官／大森仙太郎少将
【軽巡】阿武隈
第17駆逐隊　司令／杉浦嘉十大佐
【駆逐艦】谷風、浦風、浜風、磯風
第18駆逐隊　司令／宮坂儀登大佐
【駆逐艦】不知火、霞、霰、陽炎、秋雲
●アメリカ軍
★アメリカ海軍太平洋艦隊
司令長官／H・E・キンメル大将
【戦艦】ペンシルバニア、メリーランド
アリゾナ、カリフォルニア
ウエストバージニア、ネバダ
オクラホマ、テネシー
【重巡】２隻【軽巡】６隻【駆逐艦】30隻
【その他】48隻【基地機】413機

戦艦ネバダ着底

戦艦『ネバダ』は第一次攻撃隊が撃ち漏らし、逃走を図っていたが、第二次攻撃隊の急降下爆撃隊が撃破し、ついに大破着底させた

日本海軍人物ガイド

山本五十六（やまもといそろく）大将

親米派で、一貫して開戦に反対し続けていた山本五十六は、海軍次官在任中に三国同盟にも猛反対。そのため推進派の恨みを買うようになり、海軍中央では山本の身柄を守るため、連合艦隊司令長官として戦艦に乗り込ませた経緯があった。その結果、太平洋戦争海戦の時点で、山本は最も反対していたアメリカとの戦いの指揮を執る立場となってしまった。

開戦前、近衛文麿首相からアメリカとの戦争は可能かと聞かれ、山本は「半年や1年は随分暴れてみせます。しかし、その後は確信が持てない」と返事している。その言葉どおり、開戦後半年は海軍部隊の快進撃の指揮を執り、暴れまわった。しかしミッドウェー海戦以後は苦闘の連続で、精神的に追いつめられることも多かったと語られている。昭和18年（１９４３）４月に、山本は幕僚たちから「危険過ぎるから止めてください」と制止されたソロモン方面での前線視察を決行。４月18日に乗機がブーゲンビル島上空で米戦闘機に襲われ戦死。享年60。

日本海軍人物ガイド

南雲忠一（なぐもちゅういち）大将

太平洋戦争では緒戦から機動部隊の指揮官となり、快進撃の立役者となった。しかし、ミッドウェー海戦で大敗を喫し海軍部内で批判を浴びることとなる。機動部隊の指揮は昭和17年（１９４２）10月の南太平洋海戦まで続けたが、その後は閑職に追いやられる。艦船を持たない中部太平洋方面艦隊司令長官在任中の昭和19年（１９４４）７月に、サイパン島でアメリカ軍と戦い戦死。享年58。

ウェーク島沖海戦

昭和16年(1941)12月8～23日

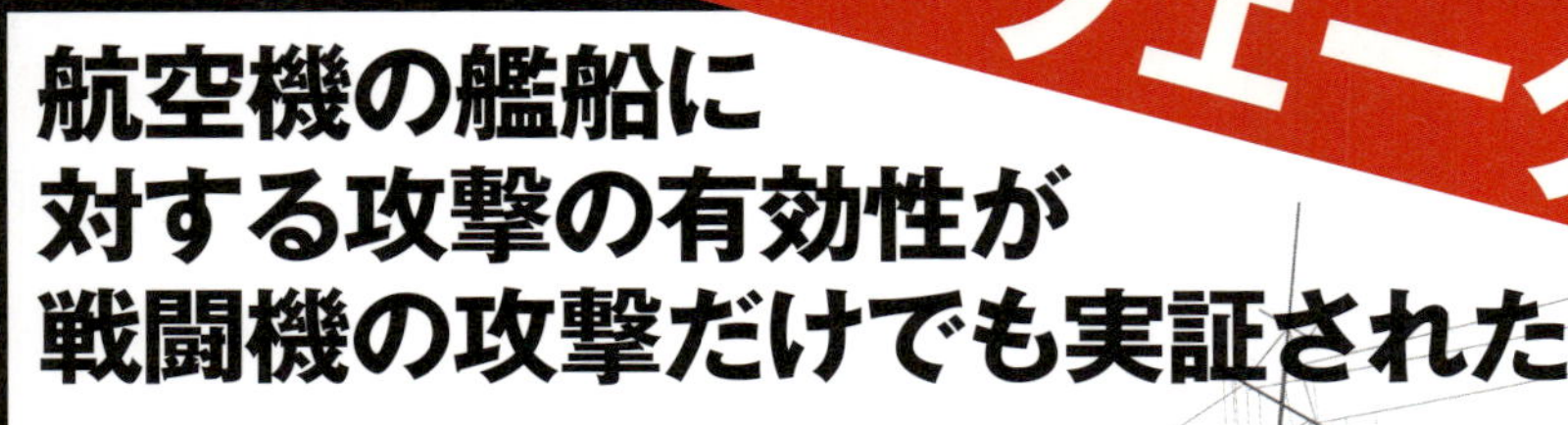

航空機の艦船に対する攻撃の有効性が戦闘機の攻撃だけでも実証された

夕張型軽巡 夕張 YUUBARI

竣工・大正12年(1923) 7月31日～
沈没・昭和19年(1944) 4月27日
基準排水量 2890トン
全長 138.9メートル
主兵装 14センチ砲 2基2門

世界が驚嘆した傑作艦

平賀譲造船大佐(当時)が設計した傑作艦とされ、小さな艦体に20.3センチ砲を搭載して世界を瞠目させた。第一次ウェーク島沖海戦では旗艦として出撃した

睦月型駆逐艦 如月 KISARAGI

竣工・大正14年(1925)12月21日～
沈没・昭和16年(1941)12月11日
基準排水量 1315トン
全長 102.7メートル
主兵装 45口径12センチ砲 4基4門 他

戦闘機に襲われ沈没

第一次攻撃で米戦闘機F4Fが投下した45キロ爆弾が命中。魚雷発射管が誘爆を起こし、艦は真っ二つになって沈没してしまった

ウェーク島沖海戦　第2航空戦隊の進路

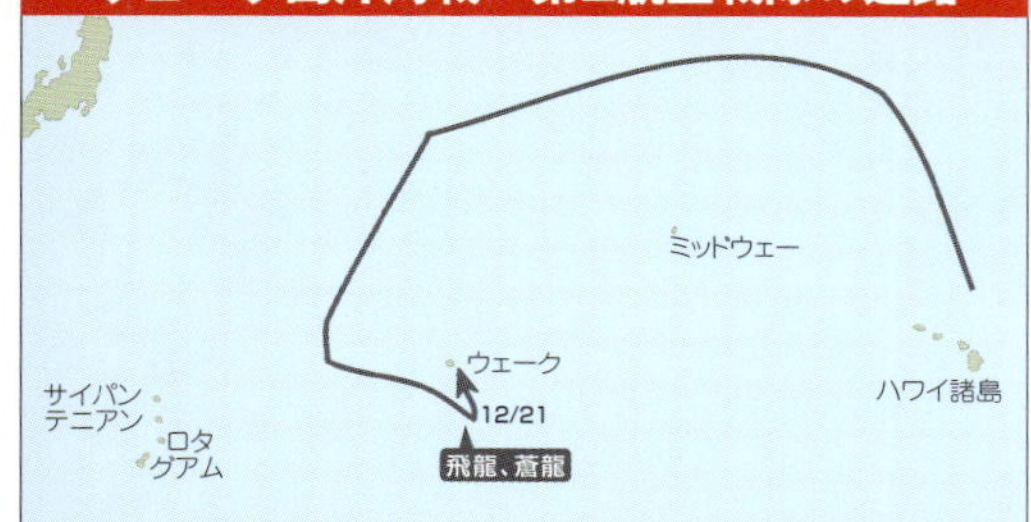

ウェーク島沖海戦参加艦艇表

●第一次攻撃
★ウェーク攻略部隊　指揮官／梶岡定道少将
第６水雷戦隊　梶岡定道少将直率
【軽巡】夕張
第18戦隊　司令官／丸茂邦則少将
【軽巡】天龍、龍田
第29駆逐隊　司令／瀬戸山安秀大佐
【駆逐艦】追風、疾風、朝凪、夕凪
第30駆逐隊　司令／安武史郎大佐
【駆逐艦】睦月、如月、弥生、望月
上陸部隊
【特設巡洋艦】金龍丸、金剛丸
●第二次攻撃
★ウェーク攻略部隊　指揮官／梶岡定道少将
第６水雷戦隊　梶岡定道少将直率
【軽巡】夕張
第18戦隊　司令官／丸茂邦則少将
【軽巡】天龍、龍田
第29駆逐隊　司令／瀬戸山安秀大佐
【駆逐艦】追風、朝凪、夕凪
第30駆逐隊　司令／安武史郎大佐
【駆逐艦】睦月、弥生、望月
上陸部隊
【特設巡洋艦】金龍丸、金剛丸
★増援部隊
第２航空戦隊　司令官／山口多聞少将
【空母】蒼龍、飛龍
第８戦隊　司令官／阿部弘毅少将
【重巡】利根、筑摩
第17駆逐隊　司令／杉浦嘉十大佐
【駆逐艦】浦風、谷風

敵戦闘機に攻撃され第一次攻撃は失敗した

太平洋戦争開戦直後の作戦として、マリアナ諸島の安全を確保するためウェーク島の攻略が決行された。ウェーク島はハワイとマリアナの中間点であり、航空攻撃も可能な位置にある。

真珠湾攻撃と同時だった第一次攻撃では、航空戦力を随伴しない水雷戦隊のみで接近した。ウェーク島飛行場には戦闘機しかいなかったが、小型爆弾で日本軍を攻撃。水雷戦隊では戦闘機の攻撃にも耐えられず、駆逐艦『如月』『疾風』が沈没。攻略作戦を中断せざるを得なかった。

そこで、真珠湾攻撃の帰路についていた空母『飛龍』『蒼龍』をウェーク島へと派遣。この第二次攻撃では日本軍攻撃隊が一撃でウェーク島飛行場を破壊。今度は攻略部隊も島に接近することができたので、艦砲射撃の後に上陸作戦を決行し、島の奪取に成功したのだった。

日本海軍人物ガイド　井上成美（いのうえしげよし）大将

海軍きっての優等生で、戦前は米内光政、山本五十六と並んで三羽ガラスと謳われた。太平洋戦争では第四艦隊司令長官となり、ウェーク島攻略作戦を指揮。後に海軍兵学校校長、海軍軍務局長などを歴任。昭和20年（1945）5月に最後の海軍大将となった。戦後は公職に復帰せず、昭和50年（1975）12月15日に死去。享年87。

バリ島沖海戦

昭和17年（1942）2月20日

南方資源地帯を確保するため敢行された蘭印攻略で輸送艦隊が襲われた

朝潮型駆逐艦 **朝潮** *ASASHIO*

竣工・昭和12年(1937) 8月31日～
沈没・昭和18年(1943) 3月3日

朝潮型駆逐艦 **大潮** *OHSHIO*

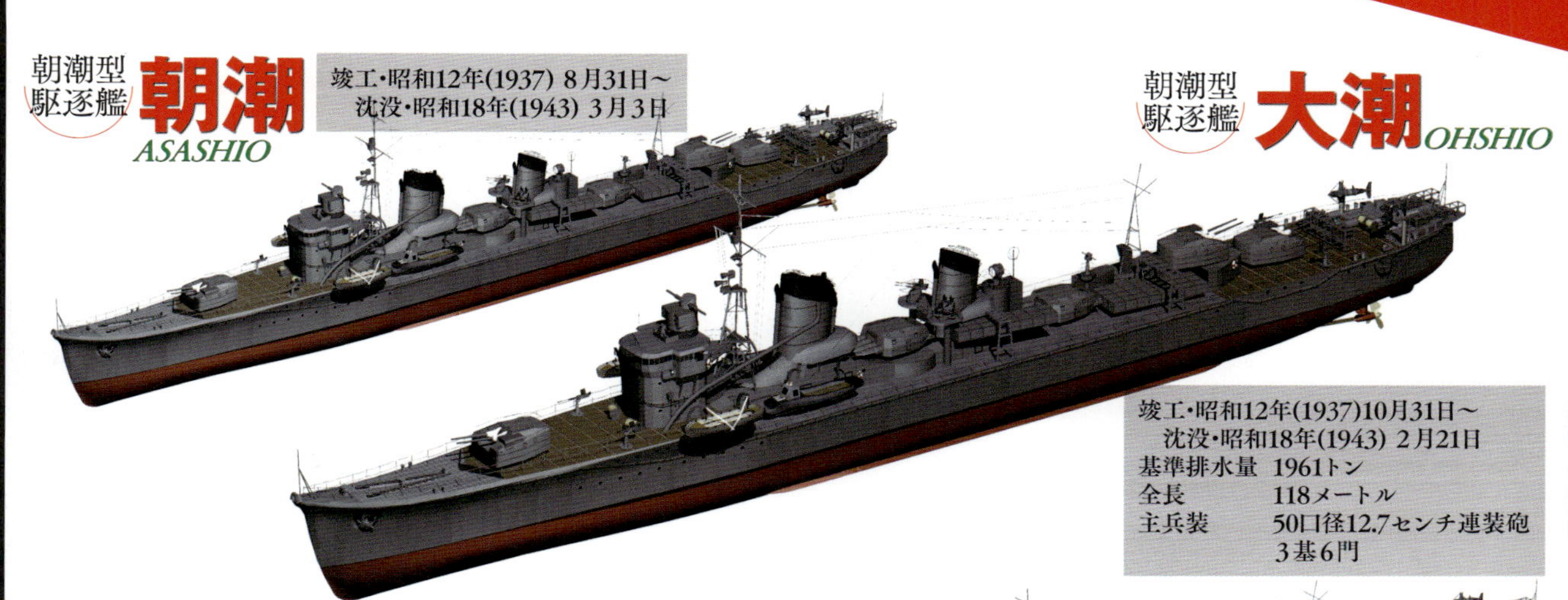

竣工・昭和12年(1937)10月31日～
沈没・昭和18年(1943) 2月21日

基準排水量	1961トン
全長	118メートル
主兵装	50口径12.7センチ連装砲 3基6門

伝統の夜戦で大戦果

バリ島沖海戦では駆逐艦『満潮』が大破、『大潮』が中破する損害となったが、バリ島への上陸作戦は成功した。海軍伝統の夜戦能力を遺憾なく発揮したとして、開戦に参加した朝潮型駆逐艦４隻は大いに賞賛された

MICHISHIO 朝潮型駆逐艦 **満潮**

竣工・昭和12年(1937)10月31日～
沈没・昭和19年(1944)10月25日

朝潮型駆逐艦 **荒潮** *ARASHIO*

竣工・昭和12年(1937)12月20日～
沈没・昭和18年(1943) 3月4日

わずか4隻の護衛駆逐艦がオランダ海軍部隊を撃退

アメリカからの石油輸入を停止されていた日本にとって、開戦後の急務は産油国である蘭印（インドネシア）を攻略することであった。昭和17年（1942）に入って、フィリピンでの制海権をほぼ手中にした日本軍は、いよいよ蘭印攻略作戦を発動。蘭印をめざして陸軍部隊が輸送船で出発した。しかし、蘭印にはまだ小規模ではあるがオランダ海軍が留まっていた。バリ島をめざす日本の輸送艦隊が襲われたことにより、バリ島沖海戦が始まった。

輸送艦隊を護衛しているのは駆逐艦4隻に過ぎず、オランダ艦隊は軽巡3隻、駆逐艦7隻と強力だった。しかし、指揮官の阿部俊雄大佐（当時）は夜陰に紛れて砲雷戦を敢行。駆逐艦1隻を沈没、軽巡1隻を中破させて、オランダ艦隊を撃退。輸送船団を守り切る活躍をみせたのだった。

バリ島沖海戦　艦隊行動図

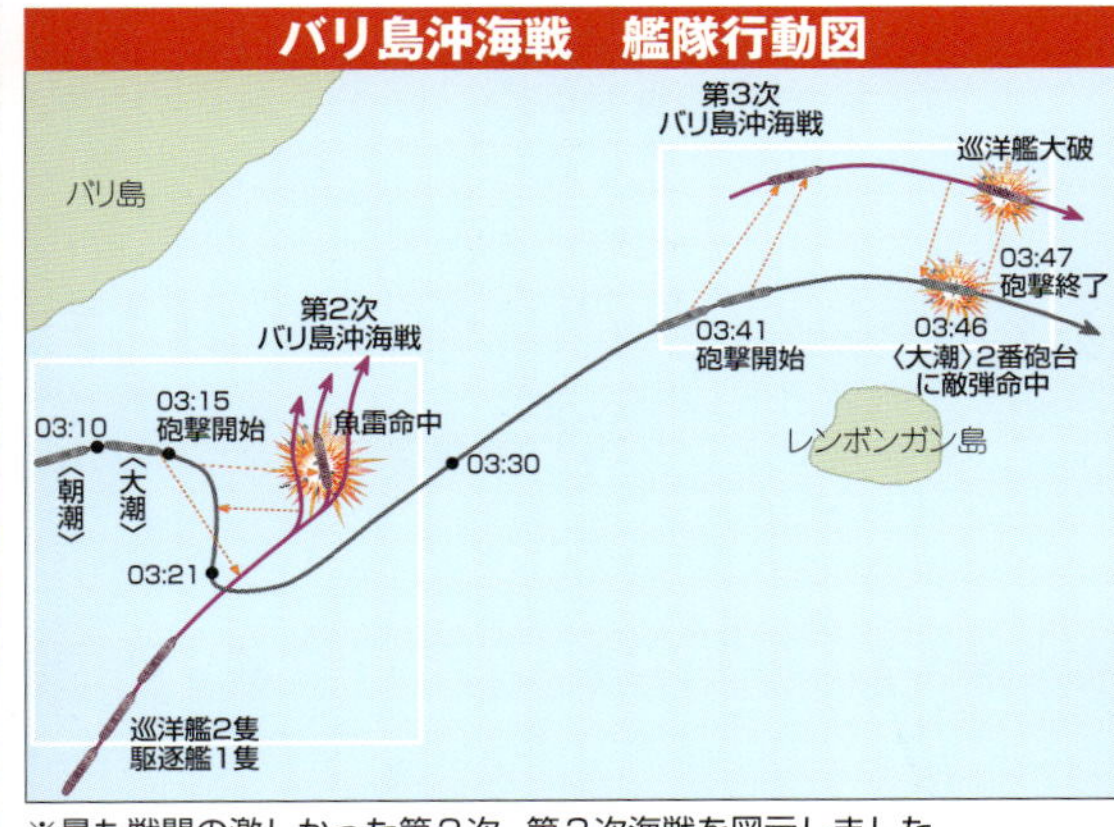

※最も戦闘の激しかった第２次、第３次海戦を図示しました

バリ島沖海戦参加艦艇表

●日本軍
★第８駆逐隊　司令／阿部俊雄大佐
【駆逐艦】大潮、朝潮、満潮、荒潮
●連合国軍
★ABDA部隊　指揮官／K・ドールマン少将
【軽巡】デ・ロイヤル（蘭）、ジャワ（蘭）
トロンプ（蘭）
【駆逐艦】フォード（米）、ホープ（米）、
スチュワート（米）、ピートヘイン（蘭）他

日本海軍人物ガイド　阿部俊雄（あべとしお）少将

水雷戦隊の指揮官としてバリ島沖海戦、ミッドウェー海戦などに参加し、連合艦隊旗艦・軽巡『大淀』艦長などを歴任。昭和19年（1944）11月29日に、空母『信濃』の初代艦長として航行中、紀伊半島沖で米潜水艦の雷撃を受け『信濃』と運命をともにして戦死。享年49。

スラバヤ沖海戦

昭和17年(1942)2月27日〜3月1日

太平洋戦争初の大規模な艦隊決戦だったがいたずらに時間と弾を消費した

活躍の場は主に北方警備だった

スラバヤ沖海戦では艦隊決戦の主力として主砲戦を展開するが、なかなか命中弾は得られなかった。そのため掃討戦では弾丸が不足して参戦できないという事態も発生した。後にアッツ島沖海戦、レイテ沖海戦などに参加。その後、マニラ湾に停泊中にアメリカ艦載機の空襲を受けて沈没

妙高型重巡 **那智** *NACHI*

竣工・昭和3年(1928)11月26日〜
沈没・昭和19年(1944)11月5日
基準排水量　1万3000トン
全長　203.76メートル
主兵装　50口径20.3センチ連装砲5基10門

川内型軽巡 **那珂** *NAKA*

竣工・大正14年(1925)11月30日〜
沈没・昭和19年(1944) 2月17日
基準排水量　5195トン
全長　162.2メートル
主兵装　50口径14センチ砲7基7門

水雷戦隊の旗艦として転戦したが不遇の艦でもあった

開戦初頭から第四水雷戦隊の旗艦として南方を転戦し、スラバヤ沖海戦の後はクリスマス島攻略作戦に従事して米潜水艦の雷撃を受けてしまう。修理完了後は主にトラック泊地で警戒任務についていたが、トラック諸島がアメリカ軍の大空襲を受け『那珂』も沈没した

太平洋戦争初の艦隊決戦は無駄弾を撃ちあうばかり

蘭印攻略作戦が始まって以来、日本軍は優位に戦いを進めていた。すでに油田のあるボルネオ島を攻略し、いよいよ蘭印の政治の中心であるジャワ島攻略作戦を開始。陸軍第一六軍の今村均軍司令官が指揮する大部隊が、輸送船団で進撃を開始した。大規模な上陸作戦なので、海軍も重巡2隻、2箇水雷戦隊で厳重な護衛態勢をとった。劣勢を覆すことができなかったオランダ海軍は、同盟国のアメリカ、イギリス、オーストラリアなどの近隣にいる艦艇

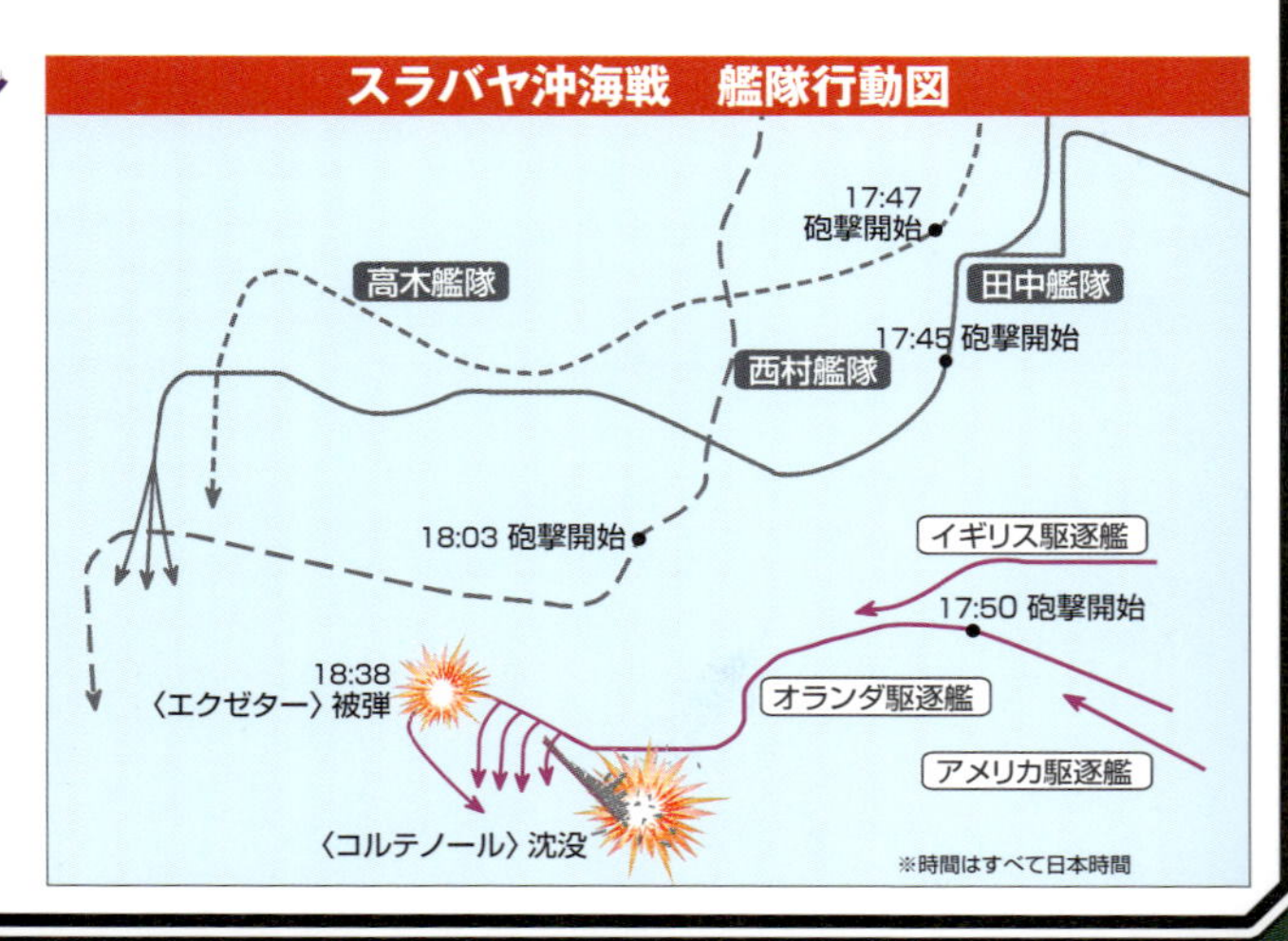

を糾合。4ヶ国艦隊を編成して、輸送船団の阻止を図った。

海戦は両軍の重巡部隊による遠距離砲戦で始まる。しかし、2万メートルもの距離をとっての砲戦は一向に命中弾が得られない。業を煮やした日本軍は雷撃を敢行するが、これも距離が離れすぎていたために命中しない。結局、2日間にわたって両軍が無駄弾を撃ちあうばかりとなった。最終的には接近戦を図った日本軍が雷撃で勝利して、ジャワ島上陸作戦は成功。

このスラバヤ沖海戦は太平洋戦争初めての、大艦隊同士の艦隊決戦だった。両軍ともに艦隊決戦の戦い方を知らず、重巡『羽黒』に至っては無駄弾を1000発も費やして、命中はわずか1発という お粗末な結果となっている。

無数の砲撃を受ける英重巡エクセター

イギリス海軍の重巡『エクゼター』は、長時間の砲戦で缶室を損傷し逃走を図った。単艦で逃れている途上で日本艦隊に追いつかれ、集中砲撃の後に沈没した

吹雪型駆逐艦 潮 USHIO

竣工・昭和6年(1931)11月14日〜終戦時まで健在	
基準排水量	1680トン
全長	118メートル
主兵装	50口径12.7センチ連装砲 3基6門

吹雪型駆逐艦だった『潮』は、第八駆逐隊の旗艦としてスラバヤ沖海戦に参加。海戦ではもっぱら、重巡『那智』『羽黒』を護衛する位置についていた

白露型駆逐艦 山風 YAMAKAZE

竣工・昭和12年(1937) 6月30日〜沈没・昭和17年(1942) 6月23日	
基準排水量	1685トン
全長	111メートル
主兵装	50口径12.7センチ連装砲 2基4門

白露型駆逐艦だった『山風』は、スラバヤ沖海戦では雷撃戦で戦果を上げた。昭和17年(1942)に本土近海で輸送任務中に行方不明となり除籍

日本海軍人物ガイド 高橋伊望（たかはしいぼう）中将

海軍兵学校では機動部隊を率いた南雲忠一中将の同期生。太平洋戦争開戦前から第三艦隊の司令長官を務め、蘭印方面での海軍作戦の総指揮を執り、スラバヤ沖海戦でも重巡部隊を率いて参戦した。その後、第二南遣艦隊司令長官、南西方面艦隊司令長官などを歴任。呉鎮守府長官時代に病を得て、予備役となった。昭和22年（1947）3月18日に死去。享年60。

スラバヤ沖海戦参加艦艇表

●日本軍
★第三艦隊　司令長官／高橋伊望中将
第5戦隊　司令官／高木武雄少将
　【重巡】那智、羽黒
　第7駆逐隊　司令／小西要人大佐
　　第一小隊【駆逐艦】潮、漣
　付属【駆逐艦】山嵐、江風
第2水雷戦隊　司令官／田中頼三少将
　【軽巡】神通
　第16駆逐隊　司令／渋谷紫郎大佐
　【駆逐艦】雪風、時津風、初風、天津風
第4水雷戦隊　司令官／西村祥治少将
　【軽巡】那珂
　第2駆逐隊　司令／橘正雄大佐
　【駆逐艦】村雨、五月雨、春雨、夕立
　第9駆逐隊　司令／佐藤康夫大佐
　　第一小隊【駆逐艦】朝雲、峯雲
●連合国軍
★ABDA艦隊　司令官／K.W.F.M.ドールマン少将
　【重巡】エクゼター（英）、ヒューストン（米）
　【軽巡】デ・ロイヤル（蘭）、ジャワ（蘭）、バース（豪）
　【駆逐艦】コルテノール（蘭）、ヴィテ・デ・ヴィット（蘭）、エレクトラ（英）、エンカウンター（英）、ジュピター（英）、エドワース（米）、ポール・ジョーンズ（米）、フォード（米）、アルデン（米）

セイロン沖海戦

昭和17年(1942)4月5～9日

遥かインド洋へ遠征して英東洋艦隊をセイロンから追い払い快勝した

高速戦艦として南雲機動部隊に随伴

金剛型戦艦は、日本海軍の戦艦のなかでは随一の高速艦だったので、緒戦から『霧島』は姉妹艦の『比叡』とともに、南雲機動部隊の護衛を務めた。セイロン沖海戦は金剛型戦艦4隻が揃い踏みした唯一の海戦。第三次ソロモン海戦第2夜戦で、米戦艦『ワシントン』と撃ちあって沈没した

金剛型戦艦 **霧島** *KIRISHIMA*

竣工・大正4年(1915) 4月19日～
沈没・昭和17年(1942)11月14日

基準排水量	3万1980トン
全長	222.65メートル
主兵装	45口径36センチ連装砲 4基8門

長良型軽巡 **阿武隈** *ABUKUMA*

竣工・大正14年(1925) 5月26日～
沈没・昭和19年(1944)10月26日

基準排水量	5170トン
全長	162.1メートル
全幅	14.2メートル
主兵装	50口径14センチ砲 7基7門

機動部隊の先鋒を担った高速軽巡

真珠湾攻撃からセイロン沖海戦まで機動部隊に随伴して、艦隊の先頭を走る先鋒の役割を果たした。レイテ沖海戦に参加した後に、撤退途上で米艦載機の空襲を受け沈没

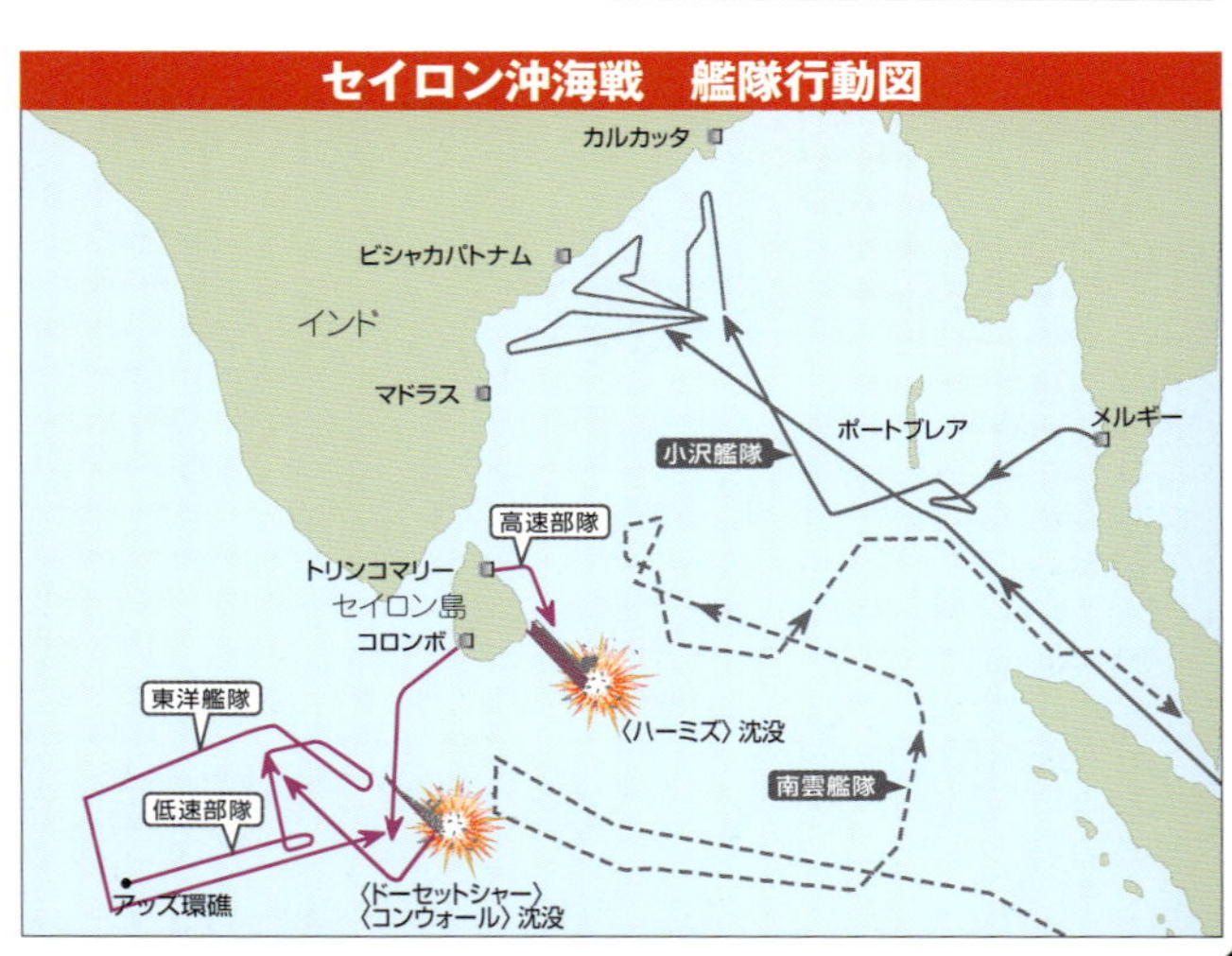

インド洋東部から英艦隊を駆逐するため大作戦を発令

緒戦の快進撃で日本軍はフィリピン、マレー半島、蘭印などの重要攻略地域を確保。それらの地域の安定を図ることが、戦争継続への不可欠の条件だった。その頃イギリス海軍は戦艦6隻、空母4隻、重巡7隻などからなる大規模な艦隊をセイロン島のコロンボ泊地へと派遣。シンガポールの奪還をめざす勢いを見せていた。

これだけの大艦隊がセイロンにいては、日本軍もシンガポール周辺に大艦隊を配置せざるを得ない。しかし、そ

爆撃を受け沈没するハーミズ

軽空母には不釣り合いな巨大な艦橋を持つ『ハーミズ』は、日本の『鳳翔』と並んで世界最初の空母。セイロン沖海戦では日本軍の急降下爆撃隊45機の攻撃を受け、轟沈した

朝潮型駆逐艦 霞 KASUMI

竣工・昭和14年(1939) 6月28日～
沈没・昭和20年(1945) 4月7日
基準排水量 1961トン
全長 118メートル
主兵装 50口径12.7センチ連装砲 3基6門

朝潮型駆逐艦の『霞』はセイロン沖海戦だけではなく多くの海戦をくぐり抜けて戦ったが、戦艦『大和』の沖縄特攻に随伴して沈没した

陽炎型駆逐艦 萩風 HAGIKAZE

セイロン沖海戦をくぐり抜けたが、ベラ湾夜戦でアメリカ水雷戦隊と戦い魚雷を受けて沈没

竣工・昭和16年(1941) 3月31日～
沈没・昭和18年(1943) 8月6日
基準排水量 2000トン
全長 118.5メートル
主兵装 50口径12.7センチ連装砲 3基6門

セイロン沖海戦参加艦艇表

●日本軍
★南方部隊機動部隊　司令長官／南雲忠一中将
第1航空戦隊　南雲忠一中将直率
【空母】赤城
第2航空戦隊　司令官／山口多聞少将
【空母】蒼龍、飛龍
第5航空戦隊　司令官／原忠一少将
【空母】瑞鶴、翔鶴
第3戦隊　司令官／三川軍一中将
【戦艦】金剛、榛名、比叡、霧島
第8戦隊　司令官／阿部弘毅少将
【重巡】利根、筑摩
第1水雷戦隊　司令官／大森仙太郎少将
【軽巡】阿武隈
第4駆逐隊　司令／有賀幸作大佐
【駆逐艦】萩風、舞風
第17駆逐隊　司令／杉浦嘉十大佐
【駆逐艦】谷風、浦風、浜風、磯風
第18駆逐隊　司令／宮坂儀登大佐
【駆逐艦】不知火、霞、霰、陽炎、秋雲
●イギリス軍
★イギリス海軍東洋艦隊
司令官／S・J・ソマービル大将
【戦艦】ウォースパイト、レゾリューション ラミリーズ、ロイヤル・ソブリン、リベンジ
【空母】インドミタブル、フォーミタブル ハーミズ
【重巡】コンウォール、ドーセットシャー ロンドン、スーザン、キャンベラ(豪)
【軽巡】5隻【駆逐艦】15隻
【空母機】93機【基地機】約90機

日本海軍人物ガイド 原忠一(はらちゅういち)中将

兵学校を卒業以来、水雷畑を歩んでいたが、海戦直前に新設された第五航空戦隊司令官となり、真珠湾攻撃などに参加。珊瑚海海戦では航空戦闘の指揮を執った。その後、第八戦隊司令官時に中将となり、霞ヶ浦航空隊司令、第四艦隊司令長官などを歴任して終戦を迎えた。昭和39年(1964)2月17日死去。享年76。

れではやがて始まるアメリカ軍の反攻に備えることができない。そこで立案されたのが、南雲機動部隊をインド洋まで遠征させてイギリス艦隊を撃破するという作戦だった。

イギリス軍は空母5隻、戦艦4隻などからなる南雲機動部隊の接近を察知し決戦を挑むのではなく、退避する道を選んだ。そこで機動部隊はコロンボの港湾施設の破壊や、逃げ遅れた重巡『ドーセットシャー』『コンウォール』、空母『ハーミズ』などを撃沈。港湾施設の破壊は完全ではなかったが、イギリス艦隊は遠くアラビア半島まで撤退することとなる。インド洋の東部一帯は完全に日本軍の制海権内となり、シンガポールや蘭印の確保に支障はなくなった。戦略上、セイロン沖海戦は大きな成果を上げたのである。

珊瑚海海戦

昭和17年(1942)5月7〜8日

史上初となる
機動部隊同士の大海戦で
日本軍は戦術に勝って戦略に敗れた

青葉型重巡 衣笠 KINUGASA

竣工・昭和2年(1927)9月30日〜 沈没・昭和17年(1942)11月14日	
基準排水量	9000トン
全長	185.17メートル
主兵装	50口径20.3センチ連装砲 3基6門 他

小柄な艦体に強武装を施した傑作艦

1万トン以下の艦体でありながら、20.3センチ主砲を搭載した強力重巡青葉型の2番艦。珊瑚海海戦ではMO攻略部隊に参加し、対空戦闘を展開。ソロモン戦線では第一次ソロモン海戦で大戦果を上げた時の中核となり、サボ島沖夜戦などでも奮闘した。ヘンダーソン飛行場を砲撃しての帰途に米艦載機の攻撃を受けて沈没

祥鳳型空母 祥鳳 SHOUHOU

改造完成・昭和17年(1942)1月26日〜 沈没・昭和17年(1942)5月7日	
基準排水量	1万1200トン
全長	205.5メートル
搭載航空機	艦戦21機 艦攻6機(補用3機)

日本空母では初めての喪失となった改造空母

元々は潜水母艦『剣埼(つるぎざき)』として建造されたが、軍縮条約の期限切れに合わせて空母に改装された。開戦後はラバウルや本土近海などで護衛任務についていたが、珊瑚海海戦は実質的な初陣となった。この海戦で米機動部隊の攻撃を一手に引き受け、10本以上の魚雷を受けて大火災の後に沈没した

軽空母を喪失するものの米制式空母を撃沈した

日本軍は南方資源地帯を確保し、東方への防備の根拠地としてラバウル基地の拡張を始めていた。ところが、ラバウルはニューギニア島のポートモレスビーにあった連合国軍の飛行場から、大型爆撃機なら到達可能な距離だった。そこで、ポートモレスビーを占領しようとしたのがMO作戦で、当初は海路から一気に上陸作戦を展開しようとしていた。

大規模な陸軍部隊が編成され、輸送船でニューギニア島の南方海域へと突

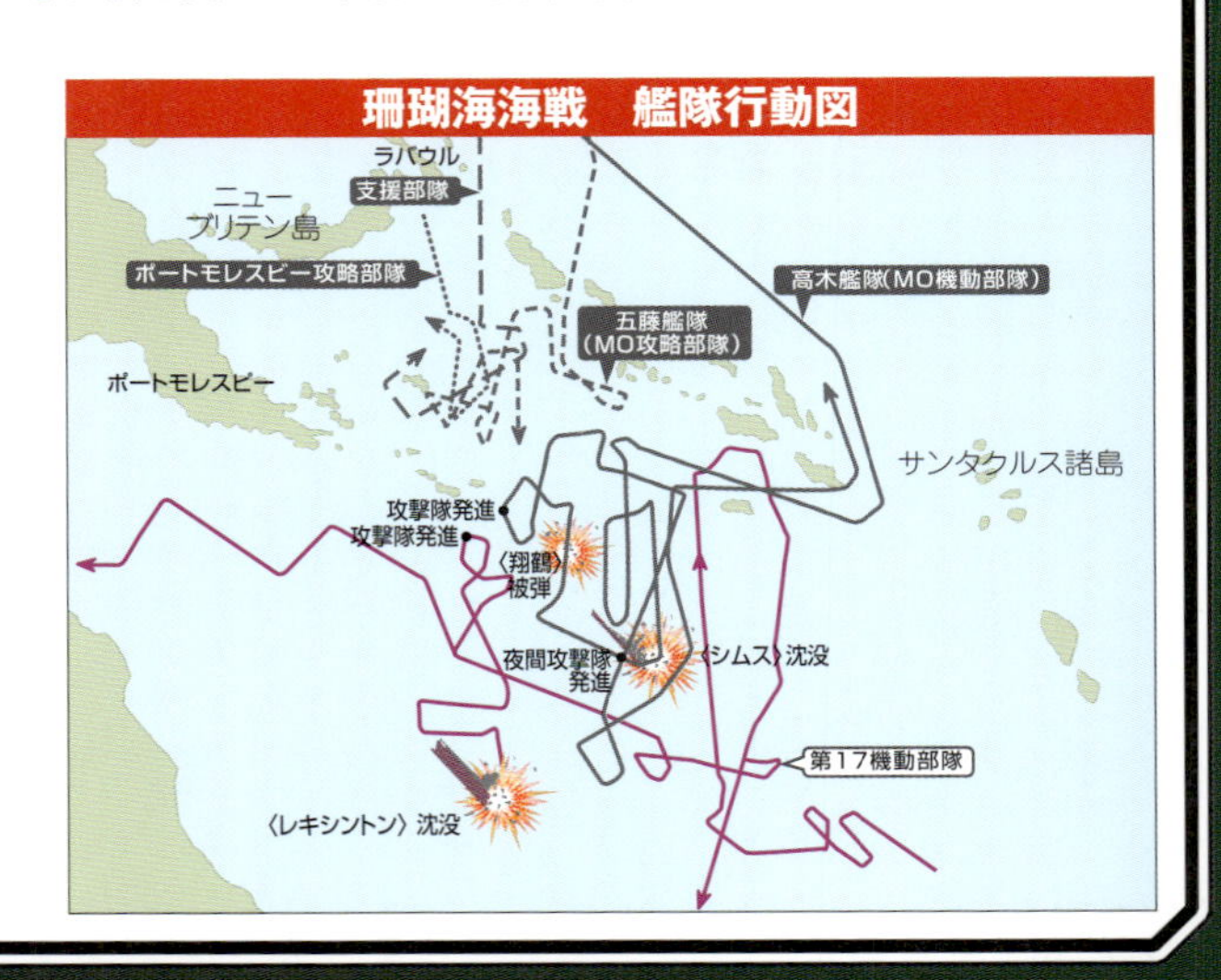

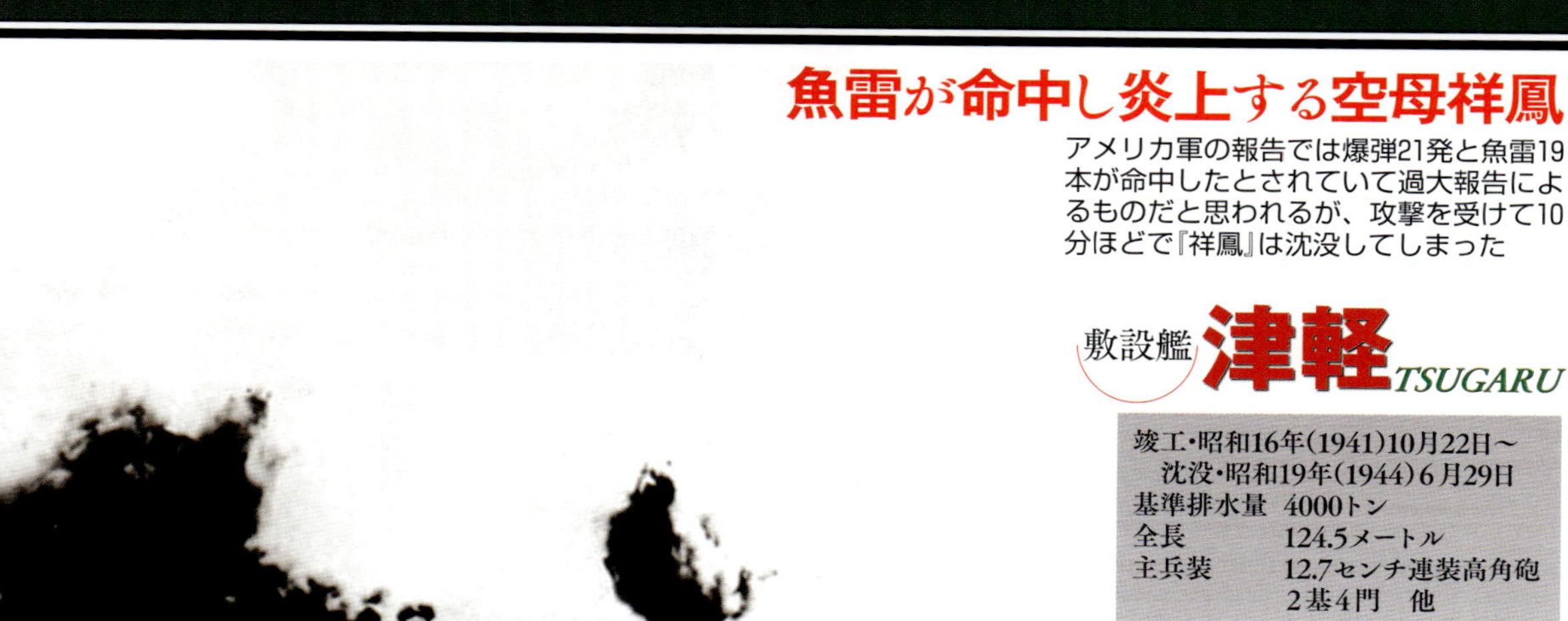

魚雷が命中し炎上する空母祥鳳

アメリカ軍の報告では爆弾21発と魚雷19本が命中したとされていて過大報告によるものだと思われるが、攻撃を受けて10分ほどで『祥鳳』は沈没してしまった

敷設艦 津軽 TSUGARU

竣工・昭和16年(1941)10月22日〜
沈没・昭和19年(1944)6月29日
基準排水量　4000トン
全長　124.5メートル
主兵装　12.7センチ連装高角砲 2基4門　他

敷設艦は港湾などに機雷を敷設するための艦で、珊瑚海海戦では左下表の参加艦艇表には出ていないが、陸軍部隊を護衛してポートモレスビーに突入するべく参加していた

初春型駆逐艦 有明 ARIAKE

竣工・昭和10年(1935)3月25日〜
沈没・昭和18年(1943)7月28日
基準排水量　1400トン
全長　109.5メートル
主兵装　50口径12.7センチ連装砲 2基4門　他

初春型駆逐艦5番艦。MO機動部隊に所属し、空母『翔鶴』を護衛した。設計変更により有明型駆逐艦と称された時期もあった

日本海軍人物ガイド 高木武雄（たかぎたけお）大将

兵学校卒業の後に水雷学校に学ぶ。太平洋戦争では重巡部隊の司令官として、珊瑚海海戦の他にスラバヤ沖海戦、ミッドウェー海戦、南太平洋海戦などに参加。その後潜水艦隊の指揮官となり、昭和19年（1944）にはサイパン島で戦いの指揮を執った。その直後に、アメリカ軍が上陸作戦を開始。島内で玉砕戦に参加し、7月6日に戦死後、大将に特進した。享年53。

珊瑚海海戦参加艦艇表

●日本軍
★MO機動部隊　司令官／高木武雄少将
第5航空戦隊　司令官／原忠一少将
【空母】瑞鶴、翔鶴
第5戦隊　高木武雄少将直率
【重巡】妙高、羽黒
第7駆逐隊　司令／小西要人大佐
【駆逐艦】曙、潮
第27駆逐隊　司令／吉村真武大佐
【駆逐艦】有明、夕暮、白露、時雨
★MO攻略部隊　司令官／五藤存知少将
第6戦隊　五藤存知少将直率
【重巡】青葉、加古、衣笠、古鷹
第4航空戦隊より付属
【空母】祥鳳　艦長／伊沢石之介大佐
第7駆逐隊より付属
【駆逐艦】漣
●アメリカ軍
★アメリカ海軍第17機動部隊
司令官／F・J・フレッチャー少将
【空母】レキシントン、ヨークタウン
【重巡】ミネアポリス、ニューオーリンズ、アストリア、チェスター、ポートランド、シカゴ、オーストラリア(豪)
【軽巡】ホバート(豪)
【水上機母艦】タンジール
【油槽艦】ネオショー、ティッペカヌー
【駆逐艦】13隻

入する。制海権は連合国軍にある地域だったので、日本軍は空母2隻の機動部隊を派遣した。連合国軍もそれを察知して2隻の空母からなる機動部隊を派遣。ここに海戦史上初めての機動部隊同士の激突となった。

緒戦では互いに索敵に手間取り、海戦は2日間にわたる。2日目には互いに相手を発見して、攻撃隊を送り出しての殴り合い。結果は日本軍は軽空母『祥鳳』を喪失、制式空母『翔鶴』が中破の被害。アメリカ軍は制式空母『レキシントン』が沈没、『ヨークタウン』が中破。海戦では日本軍が優勢だったが、ポートモレスビー攻略という戦略は中断せざるを得なかった。

ミッドウェー海戦

昭和17年(1942)6月5～6日

島の攻略と米機動部隊の壊滅という二兎を追う作戦が重大な結果に

飛龍型空母 **飛龍** *HIRYU*

竣工・昭和14年(1939) 7月5日～ 沈没・昭和17年(1942) 6月6日	
基準排水量	1万7300トン
全長	227.35メートル
搭載航空機	艦戦12機(補用4機) 艦攻9機(補用3機) 艦爆27機(補用9機)

ミッドウェーでの獅子奮迅の活躍が印象的

蒼龍型空母の発展型で、違いは左舷に設置された艦橋。ミッドウェー海戦では他の3隻の空母が被弾後、単艦となって突撃。2度にわたり攻撃隊を送り出して、米空母『ヨークタウン』を撃破する大戦果を上げた

蒼龍型空母 **蒼龍** *SOURYU*

竣工・昭和12年(1937)12月29日～ 沈没・昭和17年(1942) 6月5日	
基準排水量	1万5900トン
全長	227.5メートル
搭載航空機	艦戦12機(補用4機) 艦攻9機(補用3機) 艦爆29機(補用9機) 艦偵9機

飛龍とは姉妹艦ともいわれた

その後の日本空母設計の雛形となった傑作空母。中型でありながら大型に匹敵する程の攻撃力を持ち、南雲機動部隊の中核となった。ミッドウェー海戦で米急降下爆撃機の奇襲を受けて沈没した

世界で初めて誕生した小型空母

空母として設計、建造された世界初の空母として誕生。しかし、太平洋戦争では老朽化が進み、海戦に出撃する機会はほとんど与えられなかった。唯一の出撃がミッドウェー海戦で、山本五十六大将が座乗する『大和』を護衛していたが、戦いの機会には恵まれなかった

鳳翔型空母 **鳳翔** *HOUSHOU*

竣工・大正11年(1922)12月27日～ 太平洋戦争終戦時まで健在	
基準排水量	7470トン
全長	168.1メートル
搭載航空機	常用15機(艦戦6・艦爆9) 補用6機

空襲に回避行動をとる『飛龍』。高角砲の白煙が立ち上っているのが確認できる

ミッドウェー海戦では島を砲撃する前進部隊として参加。撤退途上で敵潜水艦発見の報に転舵したところを僚艦の『最上』と衝突。損傷して速度を減じていたところを米艦載機の空襲を受けて沈没した

ミッドウェー海戦では南雲機動部隊に属した。後に輸送艦の護衛任務に就いたが、疎開船を護衛するため沖縄に向かっているところを米潜水艦に攻撃されて沈没

アメリカ機動部隊の壊滅を主目的としていたMI作戦

開戦から半年を経て日本軍は快進撃を続けていた。しかし、真珠湾攻撃で狙ったアメリカ太平洋艦隊の壊滅は、空母を撃ち漏らしたことで完遂できていなかった。そこで連合艦隊司令長官・山本五十六が考えたのが、ミッドウェー攻略作戦だった。ハワイ諸島への進撃路上にあるミッドウェーに日本軍が進攻すれば、必ずアメリカ機動部隊が現れる。それを撃破すれば、太平洋上からアメリカ艦隊の脅威はなくなり、早期講和へ持ち込めるのではないかというのが作戦の骨子だった。

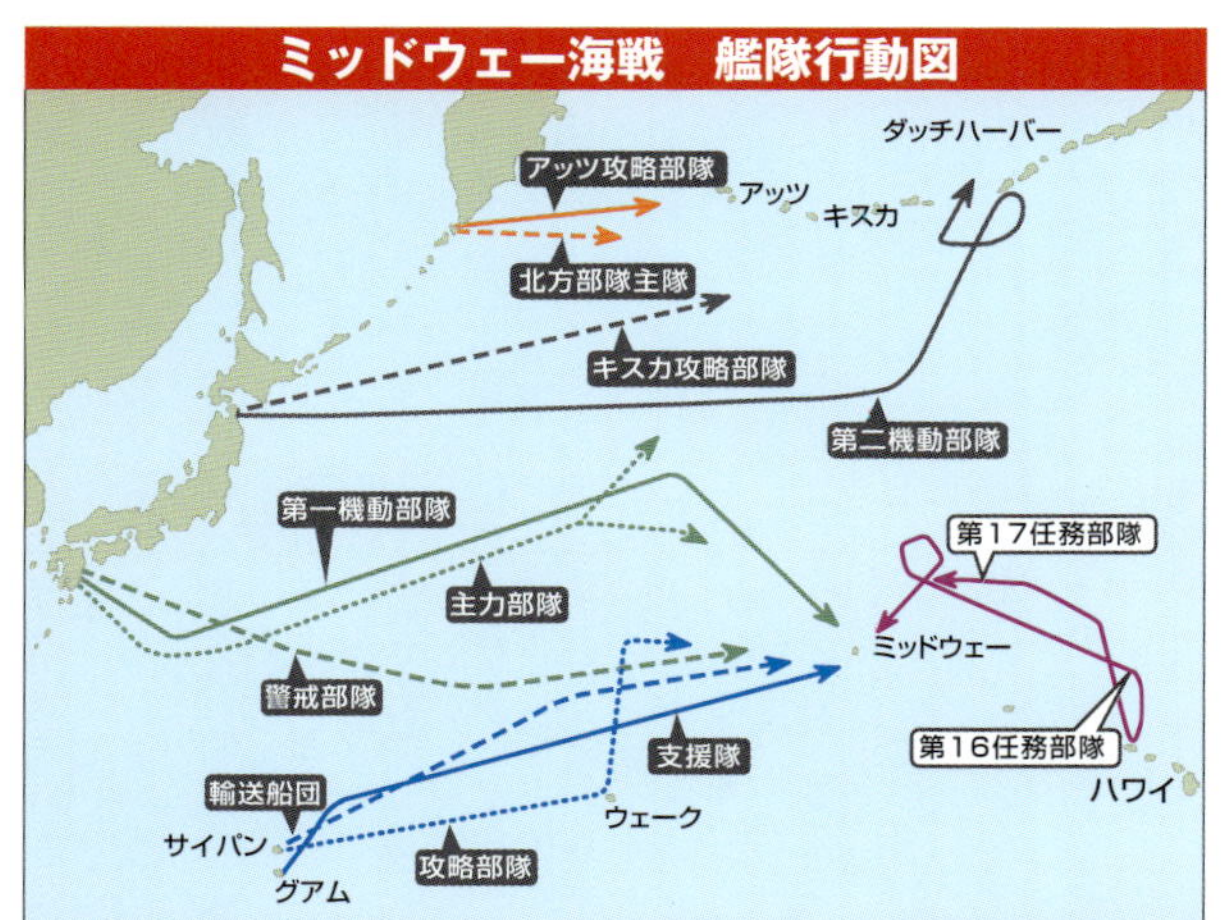

空母飛龍の最期

単艦となって奮闘を続けていた空母『飛龍』だが、第三次攻撃隊を送り出そうとしていた時、米艦載機の空襲を受けてしまった

兵装転換の遅れで虎の子の南雲機動部隊は壊滅した

連合艦隊はこのMI作戦に、全兵力を投入。機動部隊の他に攻略部隊や戦艦『大和』を中心とした主隊、ミッドウェー島攻撃をめざした攻略部隊、さらには陽動作戦としてアリューシャン方面に機動部隊を送り出す大構想。しかし、中心となる南雲機動部隊は、珊瑚海海戦で『翔鶴』が損傷していたので、空母4隻だけだった。

対するアメリカ軍は、珊瑚海海戦で傷ついた空母『ヨークタウン』を急工事で戦列に復帰させ、空母3隻からなる機動部隊で迎撃しようとした。

海戦は、まず日本軍機動部隊のミッドウェー島空襲から始まる。その間に索敵機を送り出して、米機動部隊の位置を探るが、なかなか発見できない。米軍は、ミッドウェー島からの電文によって、日本軍の位置を把握していた。

南雲中将は米機動部隊はいないと判断して、ミッドウェー島へ第二次攻撃をかけようとした。その同時刻、ようやくにして米機動部隊の位置が判明。慌てて艦船攻撃のための兵装転換作業にかかるが、その隙を突かれて米艦載機の攻撃を受けた。結局、制式空母4隻を喪失する敗戦となった。

ミッドウェー海戦参加艦艇表

●日本軍
★第１機動部隊　司令長官／南雲忠一中将
第１航空戦隊　南雲忠一中将直率
【空母】赤城、加賀
第２航空戦隊　司令官／山口多聞少将
【空母】飛龍、蒼龍
第３戦隊第２小隊
【戦艦】霧島、榛名
第８戦隊　司令官／阿部弘毅少将
【重巡】利根、筑摩
第10戦隊　司令官／木村進少将
【軽巡】長良
第10駆逐隊　司令／阿部俊雄大佐
【駆逐艦】秋雲、夕雲、巻雲、風雲
第17駆逐隊　司令／北村昌幸大佐
【駆逐艦】谷風、浦風、浜風、磯風
第4駆逐隊　司令／有賀幸作大佐
【駆逐艦】萩風、舞風、野分
●アメリカ軍
★第16任務部隊　司令官／スプルーアンス少将
【空母】エンタープライズ、ホーネット
【重巡】ニューオリンズ、ミネアポリス
ヴィンセンス、ノーザンプトン、ペンサコラ
【軽巡】アトランタ
【駆逐艦】９隻
★第17機動部隊　司令官／フレッチャー少将
【空母】ヨークタウン
【重巡】アストリア、ポートランド
【駆逐艦】６隻

日本海軍人物ガイド

山口多聞（やまぐちたもん）中将

海軍にその人ありと知られた秀才で、将来を嘱望されていた名将だった。兵学校卒業後は砲術や水雷の道を歩んだが、航空機の有効性については早くから気づき、研究を怠らなかった。航空へと転じたのは、昭和15年（1940）1月からで、いきなり日中戦争の真っ最中で最前線に立っていた第一連合航空隊の司令官に抜擢された。海軍航空隊の重鎮となっていた兵学校同期生の大西瀧治郎と組んで中国大陸の制空権確保に奮闘。重慶爆撃などを、成功させている。

太平洋戦争では、空母『飛龍』『蒼龍』の第二航空戦隊の司令官を務め、南雲機動部隊とともに真珠湾攻撃、セイロン沖海戦などを転戦した。ミッドウェー海戦では兵装転換を命じた南雲中将に対し「直ちに攻撃の要あり」と意見具申。空母3隻が戦列を離れたあとは、「ワレ航空戦の指揮を執る」と、残った『飛龍』に突撃を命じた。昭和17年（1942）6月6日、『飛龍』の沈没に際して艦橋にとどまって戦死。享年51。

日本海軍人物ガイド

加来止男（かくとめお）少将

兵学校卒業後は砲術の専門家をめざしたが、昭和に入ってからは霞ヶ浦航空隊教官を務めるなど、航空畑に転じた。太平洋戦争では空母『飛龍』の艦長として真珠湾攻撃、セイロン沖海戦に参加。ミッドウェー海戦では一時は敵の攻撃を逃れて、単艦となりながら奮闘。昭和17年（1942）6月6日、『飛龍』の沈没に際して総員退艦後も艦橋にとどまって戦死。享年50。

前線を支えた特務艦

日本海軍では華々しく前線で戦った艦艇ばかりではなく、生まれながらにして裏方の役割を担う艦艇もあった。そんな特務艦のなかから、特異な役割を果たしていた艦艇を紹介しよう

特殊な任務を担った特務艦を代表する3隻

特務艦の代表格は、艦隊に随伴する給油艦が挙げられるが、特務艦ならではの特別な役割を果たし、将兵の絶大な人気を集めていた艦もある。

給兵艦『樫野』は海軍では唯一、戦艦『大和』の主砲身を運べる艦だった。海軍は大和型戦艦を建造するにあたり1番艦『大和』を呉海軍工廠、2番艦『武蔵』を三菱重工長崎造船所、3番艦『信濃』を横須賀海軍工廠で建造することを決定。それに搭載する主砲身は呉海軍工廠で建造されることとなった。ところが、呉から長崎まで165トンもある砲身を運べる船がなかった。そのため、特別に作られたのが給兵艦『樫野』で、当初の予定では大和型3番艦『信濃』のために、横須賀海軍工廠までの航海も視野に入っていたが、『信濃』が空母に計画変更されたためにその機会は訪れなかった。

給糧艦は、前線への糧食輸送のための輸送艦で、八八艦隊計画によって建造が決定された『間宮』は、艦内に様々な食料製造工場を持ち、当時世界最大の給糧艦として誕生した。

巨大な冷凍庫を持ち、1万8000人の3週間分の食料を貯蔵することができた。食肉加工場やパンなどの食品製造工場が主体だったが、将兵たちに人気があったのはアイスクリームやラムネ、モナカなどの製品。なかでも『間宮』が製造する羊羹は甘味に飢えていた前線の将兵には絶大な人気で、当時の海軍御用達だった「虎屋」の羊羹よりも、間宮羊羹をありがたがる将兵が多かった。

『間宮』はその性格上、駆逐艦が護衛につくのみで航海することが多かった。しかし、『間宮』を喪失することを恐れた護衛隊は、「間宮を沈められたら、戦友に何をいわれるかわからない」と、いつも以上に警戒を厳重にしたと伝えられている。

工作艦『明石』は、日本海軍では唯一の工作艦として建造された艦だった。工作艦とは前線での艦艇などの修理機能を持つ艦で、日本海軍では日露戦争時代の戦艦を改造して、工作艦として使用することが多かった。しかし『明石』は最初から工作艦として設計、建造された。艦内に17もの機械工場を持ち、ドイツ製の工作機械を搭載して、艦船の修理能力は海軍内でもずば抜けていた。

トラック環礁などでは、前線のソロモンから傷ついて撤退してきた艦艇の乗員たちは、『明石』の姿を見るとひと安心したという逸話もある。

COLUMN

呉から長崎へと3度の46センチ主砲身を運ぶ航海をこなした後は、南方への輸送任務に就いていた。台湾沖を航行中に米潜水艦『グロウラー』の攻撃を受け3本の魚雷が命中して沈んでしまった

[給兵艦] 樫野 *KASHINO*

竣工・昭和15年(1940) 7月10日〜
沈没・昭和17年(1942年) 9月4日

基準排水量	1万360トン
垂線間長	136.6メートル
主兵装	45口径12センチ高角砲 2基2門

伝説ともなった間宮羊羹

太平洋戦争初期は『間宮』は給糧艦として南方から中部太平洋などを転戦。トラック泊地などでは『間宮』が入港してくると将兵たちは、「美味しい羊羹が食べられる」と大喜びしたと伝えられている。ある意味では戦艦『大和』よりも人気のあった艦だった。大戦後期には輸送任務にも就き、米潜水艦の攻撃を受けるなどの危機をくぐり抜けた。しかしレイテ沖海戦の直後、マニラへの糧食輸送任務中に米潜水艦『シーライオンII』の攻撃を受け、轟沈してしまった

[給糧艦] 間宮 *MAMIYA*

竣工・大正13年(1924) 7月15日〜
沈没・昭和19年(1944)12月20日

基準排水量	1万5820トン
全長	150.93メートル
主兵装	50口径14センチ砲 2基2門

[工作艦] 明石 *AKASHI*

竣工・昭和14年(1939) 7月31日〜
沈没・昭和19年(1944) 3月30日

基準排水量	9000トン
全長	158.5メートル
主兵装	12.7センチ連装高角砲 2基4門

前線の修理工場だった

太平洋戦争では緒戦の南方資源地帯攻略に転戦して以後は、主にトラック泊地で損傷艦の修理にあたった。トラック大空襲の後はパラオで任務に就いていたが、米艦載機の空襲を受けて沈没した

戦史の影に沈んだ 不遇の艦艇 その1

味方の艦隊の中にいながら、1隻の艦だけが敵軍の攻撃を集中して浴びてしまう。人智のおよばぬ力が作用する海戦の現場では、不遇にも被害担当艦となってしまう艦がいた

被害担当艦の代表格として知られる空母翔鶴と駆逐艦高波

不遇と呼ばれる艦艇には様々な要因があるが、その最も顕著な要因とされるのが、被害担当艦となってしまうことだろう。特定の海戦で敵の攻撃がその艦だけに集中してしまうことで、レイテ沖海戦での戦艦『武蔵』などがその例。しかし『武蔵』は艦長自らが被害担当艦となるのを決意し、艦体を目立つ色に塗装しなおしての覚悟の出撃だった。その意味では本当の被害担当艦とはいえないが、不運としかいえないのが、空母『翔鶴』だ。

最新鋭の空母として最前線に立ち続けた『翔鶴』だが、戦場では常に姉妹艦『瑞鶴』と共に行動していた。珊瑚海海戦は、海戦史における初めての機動部隊同士の戦いで、日米両軍が攻撃隊を送り出して空襲し合った。アメリカ軍の攻撃隊が上空に達した時、たまたま『瑞鶴』はスコールの中にいて、『翔鶴』だけに攻撃が集中し中破の被害となった。

南太平洋海戦でも敵攻撃隊が先に発見したという理由で、『翔鶴』ばかりが集中攻撃を受ける。ここでも『瑞鶴』は無傷だった。そして最後の戦いとなったマリアナ沖海戦でも『瑞鶴』を見逃した米潜水艦が『翔鶴』を雷撃。『翔鶴』はついに沈没してしまった。

作戦上の不運から、被害担当艦となったのが、駆逐艦『高波』だった。ルンガ沖夜戦が惹起した時、田中頼三少将率いる駆逐艦8隻は、ガダルカナル島沖で一列に並び、物資の揚陸を行なっていた。その後方から、重巡4隻を含む米艦隊が来襲。日本艦隊はとっさに揚陸作業を中止し、迎撃の態勢をとった。このような場合、艦隊は一連縦隊で回頭するのが日本軍の伝統だったが、田中少将は間に合わないと判断。単艦ごとの回頭を指示し、米艦隊に雷撃を敢行した。この時、最後尾にいたのが『高波』で、単艦回頭の結果、旗艦でもないのに日本艦隊の先頭になってしまった。敵艦隊の攻撃は『高波』に集中し、たちまちにして炎上沈没。しかしその間に日本軍の雷撃が戦果を上げ、敵重巡3隻を撃破するという大勝利となった。戦果は上げたものの、旗艦先頭の伝統を破ったとして田中少将は批判を浴びることとなったが、後に名誉を回復し今では名将と称される。もちろん、その背後に被害担当艦となった『高波』がいたことを忘れてはならない。

［翔鶴型空母］翔鶴 *SHOUKAKU*

竣工・昭和16年(1941)8月8日～
沈没・昭和19年(1944)6月19日

基準排水量	2万5675トン
全長	257.5メートル
搭載航空機	艦戦18機(補用2機) 艦攻27機(補用5機) 艦爆27機(補用5機)

［夕雲型駆逐艦］高波 *TAKANAMI*

竣工・昭和17年(1942)8月31日～
沈没・昭和17年(1942)11月30日

基準排水量	2077トン
全長	119メートル
主兵装	50口径12.7センチ連装砲 3基6門

第三章 南洋の激闘

昭和17年7月～昭和18年12月

昭和17年7月～昭和18年12月

太平洋戦争中期はこう動いた

ソロモン諸島をめぐる熾烈な闘い！

開戦以来、初めてのアメリカ軍の本格的な反攻を受けたガダルカナル島を巡り、日米両軍は泥沼の死闘を展開。艦船や航空機の消耗戦となったが、工業生産力と物量に勝るアメリカ軍の優勢を覆すことはできなかった

ソロモンでの消耗戦で疲弊していった海軍の艦艇

ミッドウェー海戦で敗北したものの、日本軍の開戦前の戦略構想であった南方資源地帯の確保と、その輸入航路の確保はほぼ達成できていたのが、太平洋戦争初期の戦況だった。その占領地帯の確保と、防備の強化が当面の要務だったが、それだけでは連合艦隊主力を遊ばせておくことになる。そこで海軍主導で新たに作戦構想として台頭したのが、FS作戦だった。

これはフイジーとサモアを攻略してアメリカとオーストラリアの航路を遮断するという構想。オーストラリアにアメリカ本土からの補給がなくなれば、確保している蘭印の脅威も排除できることになる。その作戦に基づき、ラバウルの基地の強化とソロモン諸島の確保が当面の作戦となる。そこで、日本軍はソロモン諸島南東端にあるガダルカナル島に飛行場建設を開始した。

しかし、8月になって突如として、アメリカ軍がガダルカナル島に侵攻。完成間際だった飛行場を奪取されてしまった。日本軍はただちに行動を開始して、第一次ソロモン海戦では完璧な勝利を収めたが、ガダルカナル島からアメリカ軍を駆逐することはできなかった。こうして太平洋戦争中期の海戦は、あくまでもガダルカナル島を奪還しようとする日本軍と、アメリカ軍の頑強な抵抗によって終始した。「ソロモンの消耗戦」と呼ばれる、苦難の戦いの始まりだった。

第二次ソロモン海戦、ヘンダーソン飛行場砲撃、南太平洋海戦、第三次ソロモン海戦、ルンガ沖夜戦などの大激闘が繰り返され、海戦では日本軍が勝利することも多々あった。しかし、圧

昭和17年（1942）

8月8～9日
第一次ソロモン海戦 P44参照

8月24日
第二次ソロモン海戦 P46参照

10月11～12日
サボ島沖夜戦 P48参照

クリスマス島
タヒチ諸島
クック諸島

日本海軍の空母艦載機により熾烈な空襲を受ける米空母『エンタープライズ』

倒的な物量を誇るアメリカ軍によってガダルカナル島は死守され、ついに昭和18年（1943）には、日本軍はガダルカナル島から撤退。

それ以降はラバウルに迫ってくるアメリカ軍とソロモン諸島での激闘を繰り返すが、日本海軍は大規模な海戦を展開できなくなるほどに消耗していくこととなった。

Episode

大和ホテル、武蔵屋旅館と呼ばれた巨大戦艦

ソロモンでの消耗戦では両軍ともに主力艦艇をつぎ込んでの総力戦となったが、連合艦隊すべての艦が投入されたわけではなかった。日米艦隊決戦の最終兵器と目されていた戦艦『大和』と『武蔵』は、トラック泊地で待機するだけで、一度もソロモンへ出撃することはなかった。トラックを経由して過酷な戦場へ赴く他艦の乗員たちから、一流ホテルのような快適な住環境と、前線へ赴くことのない安全性を羨ましがられ、『大和ホテル』『武蔵屋旅館』と揶揄されるようになっていた。これは、最終兵器の温存を図る日本海軍の方針によるものだったが、この時期にこそ活躍すべき戦艦ではあった。

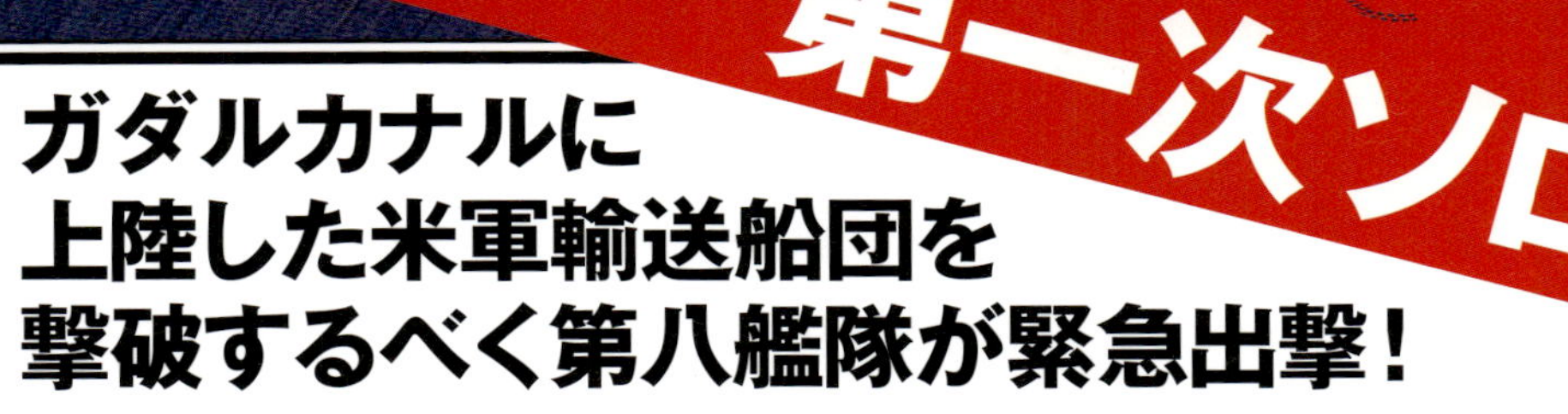

第一次ソロモン海戦

昭和17年(1942)8月8～9日

ガダルカナルに上陸した米軍輸送船団を撃破するべく第八艦隊が緊急出撃！

艦隊指揮能力を充実させた重巡

高雄型重巡は、妙高型よりも艦隊指揮機能を高めるため大型化した、天守のような塔型の艦橋を持っているのが外見上の特徴となっている。『鳥海』は開戦時、南遣艦隊旗艦としてマレー方面で行動、その後蘭印作戦や第一次ソロモン海戦などに参加。昭和19年(1944)のサマール島沖海戦で米軍機の攻撃を受け沈没した

高雄型重巡 鳥海 CHOUKAI

竣工・昭和7年(1932)6月30日～
沈没・昭和19年(1944)10月25日
基準排水量 1万3400トン
全長 203.76メートル
主兵装 50口径20.3センチ連装砲 5基10門

古鷹型重巡 古鷹 FURUTAKA

竣工・大正15年(1926) 3月31日～
沈没・昭和17年(1942)10月12日
基準排水量 8700トン
全長 185.17メートル
主兵装 50口径20.3センチ連装砲 3基6門

20センチ砲を初搭載

一等巡洋艦として設計された初めての艦。グアム島攻略戦、珊瑚海海戦などに参加。サボ島沖夜戦で集中攻撃を受けて沈没した

古鷹型重巡 加古 KAKO

古鷹型重巡の２番艦。開戦時は姉妹艦の『古鷹』、青葉型重巡２隻とともに第六戦隊に編成された。第一次ソロモン海戦からトラック島に帰投中、米潜水艦の雷撃を受けて沈没した

竣工・大正15年(1926) 7月20日～
沈没・昭和17年(1942) 8月10日

護衛の米艦隊を痛打したが輸送船団撃破は不成功に

昭和17年（1942）8月7日、米軍がガダルカナル島に突如来襲した。この島は日本海軍が飛行場を建設するべく設営隊と守備隊が駐屯していたが、上陸した米海兵隊の攻撃を受け、飛行場を放棄して、ジャングルに撤退した。

ラバウルに進出していた第八艦隊司令長官の三川軍一は米軍来襲の緊急電を受けると、直ちに艦隊派遣を決定。第八艦隊の旗艦『鳥海』を直率してラバウルから緊急出動、同じく緊急電を受けてラバウルに転進して来た第六戦

第一次ソロモン海戦　艦隊行動図

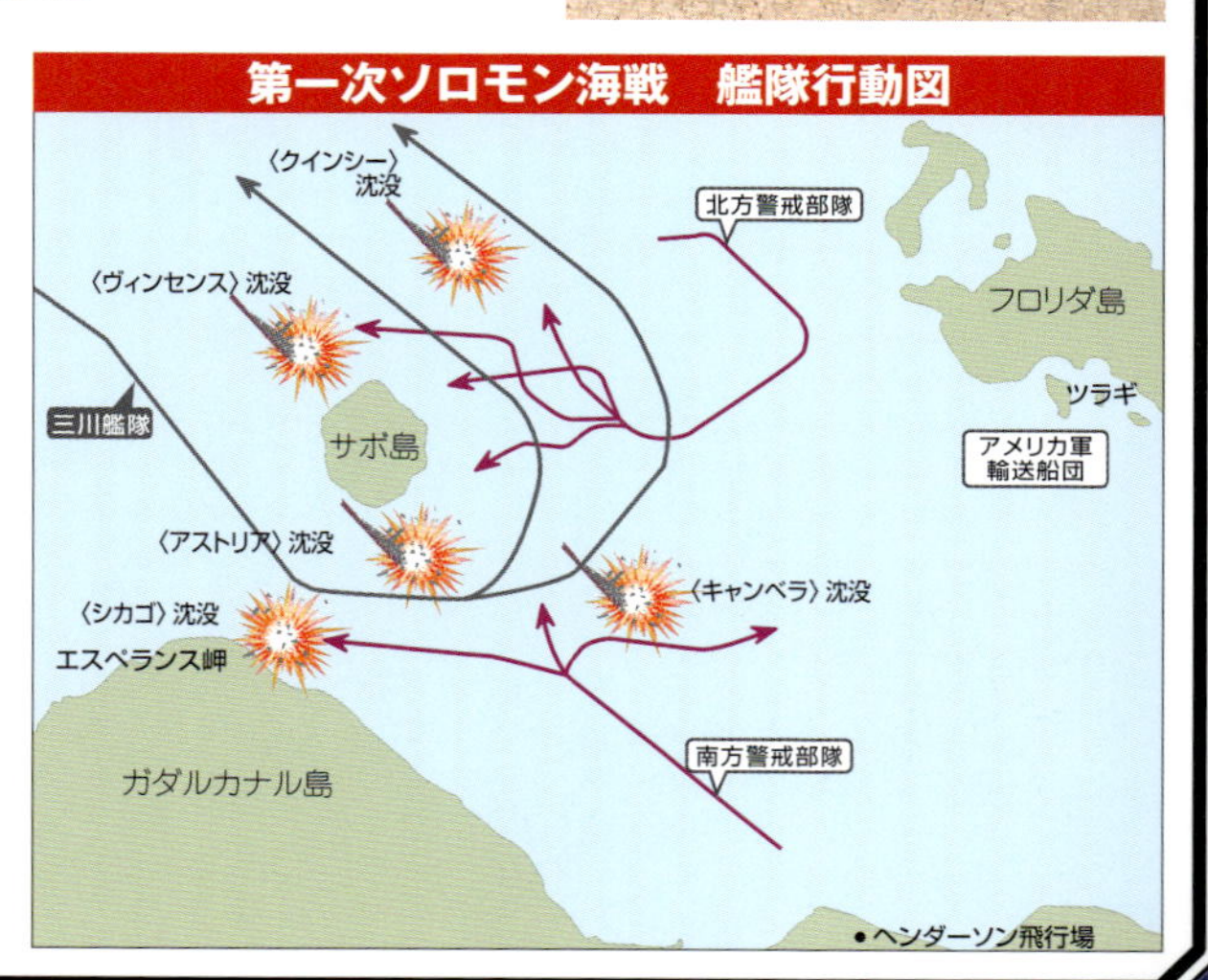

探照灯を照射する重巡鳥海

夜戦は砲や魚雷の照準が困難となるため探照灯を敵艦に向けて照射し命中率を上げる戦法を採ることもあった。しかし照射する艦は敵艦の目標となるリスクも生じた

天龍型軽巡 天龍 TENRYU

竣工・大正8年(1919)11月20日～
沈没・昭和17年(1942)12月18日
常備排水量 3948トン
全長 142.9メートル
兵装 50口径14センチ砲 4基4門

第一次大戦直後に竣工した。姉妹艦『龍田』と第十八戦隊を編成し、南方戦線で活躍。マダン上陸作戦で米潜水艦の雷撃を受けて沈没した

峯風型駆逐艦 夕凪 YUUNAGI

竣工・大正14年(1925) 4月24日～
沈没・昭和19年(1944) 8月25日
基準排水量 1270トン
全長 102.57メートル
主兵装 45口径12センチ単装砲 4基4門

凌波性を高めるため日本独自の設計思想により建造されたのが峯風型駆逐艦である。24艦が建造されたが、13番艦の『野風』から後部魚雷発射管の位置が変更され、16番艦の『神風』から艦の復原力・安定性を増すために若干船体が大型化。神風型として分類されることもある

日本海軍人物ガイド 三川軍一（みかわぐんいち）中将

明治21年（1888）、広島県に生まれる。巡洋艦『青葉』、『鳥海』艦長、第二艦隊参謀長などを経て、開戦時には第三戦隊司令官として真珠湾攻撃に参加。翌年、第八艦隊司令長官として第一次ソロモン海戦、第三次ソロモン海戦に参加した。その後、第二南遣艦隊司令長官、第三南遣艦隊司令長官などを歴任した。昭和56年（1981）、2月25日に死去。享年92。

第一次ソロモン海戦参加艦艇表

●日本軍
第8艦隊　司令長官／三川軍一中将
【重巡】鳥海
第6戦隊　司令官／五藤存知少将
【重巡】青葉、衣笠、古鷹、加古
第18戦隊　司令官／丸茂邦則少将
【軽巡】天龍、夕張
第29駆逐隊より
【駆逐艦】夕凪
●アメリカ軍
北方警戒部隊　司令官／クラッチリー少将
【重巡】オーストラリア(豪)
キャンベラ(豪)、シカゴ
【駆逐艦】パターソン、バークレー
南方警戒部隊　司令官／リーフコール大佐
【重巡】ヴィンセンス、クインシー、アストリア
【駆逐艦】ヘルム、ウィルソン
哨戒隊
【駆逐艦】ラルフ・タルボット、ブルー

隊と第一八戦隊らと合流しガダルカナル島へ向かった。艦隊の第一目標は米軍輸送部隊であった。

翌8日深夜、三川艦隊は『鳥海』を先頭に単縦陣でサボ島の南方から突撃を開始した。遊弋していた米海軍北方警戒部隊に砲雷撃を加え、さらにサボ島を半周するように進路を取りつつ砲雷撃を継続していった。日本軍の来襲を予期していなかった米海軍は大混乱に陥り、反撃もろくにできない状態で被弾。重巡4隻が沈没するなど大損害を受けた。

しかし、作戦の第一目標であった輸送艦の撃破は叶わず、三川艦隊は撤退。戦略的には不首尾に終わってしまった。

第二次ソロモン海戦

昭和17年(1942)8月24日

占領されたガダルカナル島を奪還するべく大部隊を送り込んだ

完成形といわれた高雄型のネームシップ

妙高型に続きワシントン海軍軍縮条約に基づいて建造されたのが高雄型重巡だ。ネームシップである『高雄』は開戦と同時にマレー作戦に従事。その後蘭印作戦、第二次ソロモン海戦、南太平洋海戦、第三次ソロモン海戦などに参加し、昭和19年(1944)レイテ沖海戦で大破し、シンガポールに回航。終戦まで同地に停泊していた

高雄型重巡 **高雄** *TAKAO*

竣工・昭和7年(1932) 5月31日〜太平洋戦争終戦まで残存	
基準排水量	1万3400トン
全長	203.76メートル
主兵装	50口径20.3センチ連装砲5基10門

龍驤型空母 **龍驤** *RYUJOU*

竣工・昭和8年(1933) 5月9日〜沈没・昭和17年(1942) 8月24日	
基準排水量	1万600トン
全長	179.9メートル
搭載航空機	艦戦24機(補用8機) 艦爆12機(補用4機)

飛行甲板最前下に艦橋

ワシントン海軍軍縮条約で規制外であった1万トン以下の排水量を持つ空母として設計された。日中戦争で活躍後、太平洋戦争ではフィリピン攻略戦、蘭印作戦、アリューシャン作戦などに従事した

空母『龍驤』を撃沈され作戦は不首尾に終わる

アメリカ軍に占領されたガダルカナル島の飛行場を奪還するため、日本海軍は、南雲中将率いる空母3隻を基幹とした第三艦隊と、水上打撃部隊である第二艦隊から成る52隻の大艦隊を編成し、陸軍の輸送部隊が追随する形でトラックを出撃した。ガダルカナル島周辺の制空権は米軍が占領した飛行場と島の東方を遊弋する米機動部隊により掌握されており、日本軍としてはこれを撃破することが目標であった。

昭和17年（1942）8月24日、第三艦隊は米機動部隊を発見できなかったため、空母『龍驤』を分派し、飛行

第二次ソロモン海戦　艦隊行動図

※時間はすべて日本時間

第二次ソロモン海戦参加艦艇表

●日本軍
★機動部隊　第３艦隊司令長官／南雲忠一中将
第1航空戦隊　南雲忠一中将直率
【空母】翔鶴、瑞鶴、龍驤(第２航空戦隊より)
第11戦隊　司令官／阿部弘毅少将
【戦艦】比叡、霧島
第７戦隊　司令官／西村祥治少将
【重巡】熊野、鈴谷
第８戦隊　司令官／原忠一少将
【重巡】利根、筑摩
第10戦隊　司令官／木村進少将
【軽巡】長良
第10駆逐隊　司令／阿部俊雄大佐
【駆逐艦】秋雲、夕雲、巻雲、風雲
第16駆逐隊　司令／荘司喜一郎大佐
【駆逐艦】時津風、天津風、初風、
第34駆逐隊より
【駆逐艦】秋風
第19駆逐隊　司令／大江覧治大佐
【駆逐艦】浦波、敷波、綾波
★前進部隊　司令長官・近藤信竹中将
第２戦隊より　近藤信竹中将直率
【戦艦】陸奥
第４戦隊
【重巡】愛宕、高雄、摩耶
第５戦隊　司令官／高木武雄中将
【重巡】妙高、羽黒
第４水雷戦隊　司令官／高間完少将
【軽巡】由良
第９駆逐隊　司令／佐藤康夫大佐
【駆逐艦】朝雲、山雲、夏雲、峯雲
第27駆逐隊　司令／瀬戸山安秀大佐
【駆逐艦】有明、夕暮、白露、時雨
第11航空戦隊　司令／城島高次少将
【水上機母艦】千歳
★増援部隊　司令官・田中頼三少将
第２水雷戦隊　田中頼三少将直率
【軽巡】神通
第24駆逐隊　司令／平井泰治大佐
【駆逐艦】海風、江風、涼風
第30駆逐隊　司令／安武史郎大佐
【駆逐艦】舞風、野分、睦月、弥生、望月、卯月
★支援隊
【駆逐艦】陽炎、夕凪、磯風
●アメリカ軍
第61任務部隊　司令長官・フレッチャー中将
【空母】サラトガ、エンタープライズ、ワスプ
【戦艦】ノースカロライナ
【重巡】ニューオリンズ、ミネアポリス、ポートランド
【軽巡】アトランタ
【駆逐艦】９隻

川内型軽巡 神通 JINTSUU

竣工・大正14年(1925) 7月31日～
沈没・昭和18年(1943) 7月13日
基準排水量　5195トン
全長　162.2メートル
主兵装　50口径14センチ砲7基7門

第二水雷戦隊旗艦として太平洋戦争に参加。スラバヤ沖海戦、第二次ソロモン海戦などに参加。昭和18年(1943)コロンバンガラ島沖夜戦で沈没

長良型軽巡 由良 YURA

竣工・大正12年(1923) 3月20日～
沈没・昭和17年(1942)10月25日
基準排水量　5170トン
全長　162.1メートル
主兵装　50口径14センチ砲7基7門

開戦直後のマレー上陸作戦支援に従事し、蘭印作戦、アンダマン攻略作戦などに参加。第二次ソロモン海戦後の南太平洋海戦で航空攻撃を受けて沈没

睦月型駆逐艦 弥生 YAYOI

竣工・大正15年(1926) 8月28日～
沈没・昭和17年(1942) 9月11日
基準排水量　1315トン
全長　102.7メートル
主兵装　45口径12センチ砲4基4門　他

睦月型駆逐艦の３番艦として竣工。仏印進駐に従事した。太平洋戦争では、第１次ウェーク島攻略作戦に参加。第二次ソロモン海戦後、ラビ北方で空襲を受けて沈没した

場への攻撃を目論んだが、その存在を米機動部隊が知り、迎撃隊を出した。その後、日米とも主力機動部隊を互いに発見。攻撃の矢を放った。

交錯した戦況の中、南雲機動部隊は、米空母『エンタープライズ』を中破に追い込むが、『龍驤』が米艦載機により沈没させられたため、作戦中止を決断。艦隊を反転させた。

陸軍の攻撃が25日と決定されていたが、増派のため送り込んだ陸軍部隊も一部しか島に上陸できなかった。しかし、戦力不足のまま陸軍部隊は攻撃を決行。その結果、米軍の痛烈な迎撃を受けて大きな被害を出し、飛行場の奪還は叶わなかった。

日本海軍人物ガイド
有馬正文（ありままさぶみ）中将

明治28年（1895）鹿児島県生まれ。海軍大学校卒業後、第一〇・一四各戦隊参謀として日中戦争に参加。太平洋戦争では昭和17年（1942）の第二次ソロモン海戦、南太平洋海戦において艦長として空母『翔鶴』を指揮。昭和19年4月（1944）に第二六航空戦隊司令官に着任し、同年10月15日、自ら一式陸上攻撃機で出撃、フィリピン沖で敵艦に突入して戦死した。享年50。

サボ島沖夜戦

昭和17年(1942)10月11～12日

重火器輸送の護衛として出撃したが遭遇戦となった夜戦で惨敗を喫した

「ワレアオバ」の発信で戦史に名を刻んだ

青葉型重巡 **青葉** *AOBA*

日本海軍初の条約型重巡として竣工した。姉妹艦に『衣笠』がある。竣工時の主砲口径は20センチであったが、後に20.3センチ砲に換装された。条約では主砲口径を８インチ以下に規制されたが、設計時１インチを2.5センチ（正確には１インチ＝2.54センチ）で計算したことで砲弾重量が少なくなり、威力も劣っていたことが判明したための対処だ。太平洋戦争ではグアム攻略戦や珊瑚海海戦に参加。サボ島沖夜戦では砲撃してきた敵艦を味方艦と誤認。「ワレアオバ」と発光信号を打ちながら砲撃を受けた逸話は有名である。昭和20年７月、呉に停泊中に米艦載機の空襲を受け大破着底した

竣工・昭和2年(1927) 9月20日～
大破着底・昭和20年(1945) 7月28日
基準排水量　9000トン
全長　185.17メートル
主兵装　50口径20.3センチ連装砲3基6門

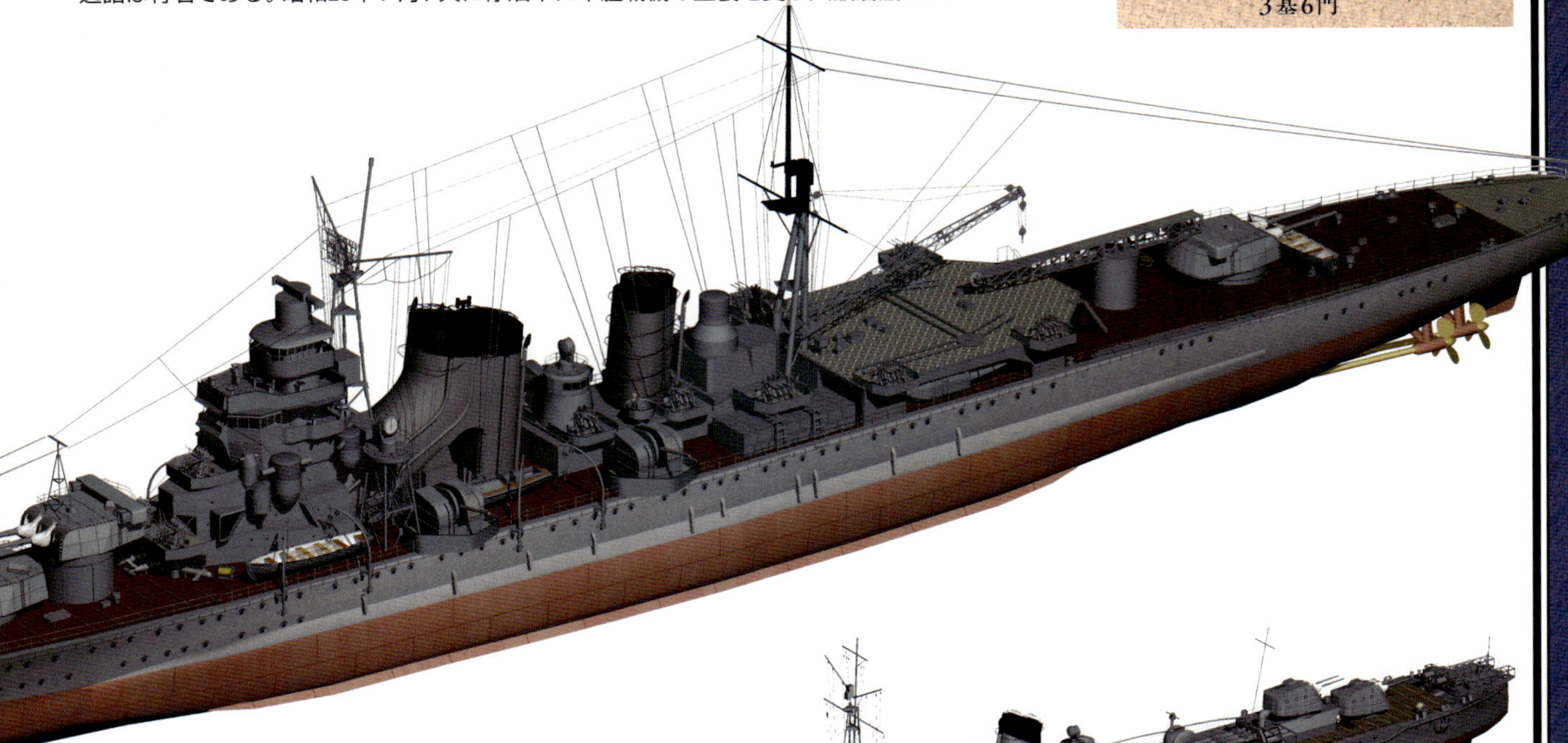

吹雪型駆逐艦 **吹雪** *FUBUKI*

竣工・昭和3年(1928) 8月10日～
沈没・昭和17年(1942)10月11日
基準排水量　1680トン
全長　118メートル
主兵装　50口径12.7センチ連装砲3基6門

各国海軍が驚いた強武装

吹雪型駆逐艦の１番艦。重武装で凌波性に優れた大型駆逐艦で「特型」とも呼ばれた。『吹雪』は太平洋戦争開戦後は、エンドウ沖海戦やスラバヤ沖海戦、バタビア沖海戦に参加。サボ島沖夜戦で沈没した

米艦隊不在と誤認したため先手を取られて打撃を被る

ガダルカナル島周辺の制空権を米軍に握られたため、日本軍は上陸部隊への補給に苦心するようになっていた。米軍の空襲を避けるため、駆逐艦などの高速艦による夜間輸送（鼠輸送）を行なっていたが、輸送力が限られるため、戦力の維持にも窮していた。

そこで、島を奪還するため重巡3隻から成る第六戦隊と駆逐艦3隻が支援部隊として飛行場砲撃を行なうと同時に、輸送部隊が重火器を揚陸させる作戦を計画した。作戦前の偵察では島周

サボ島沖夜戦　艦隊行動図

〈衣笠〉
〈古鷹〉
〈青葉〉
五藤艦隊
〈青葉〉沈没
〈サンフランシスコ〉
煙幕
〈衣笠〉
〈初雪〉
〈ボイス〉
煙幕
〈ダンカン〉
〈吹雪〉
〈ラフェイ〉
〈ファーレンフォルト〉
スコット艦隊

青葉艦橋に敵砲弾が直撃

目の前の艦隊を味方と信じて疑わない五藤存知少将が座乗する重巡『青葉』艦橋に、敵艦隊の放った砲弾が命中。それでも五藤少将はこれが味方からの誤射だと信じて疑わなかったという

吹雪型駆逐艦 叢雲 *MURAKUMO*

竣工・昭和4年(1929) 5月10日～
沈没・昭和17年(1942)10月12日

吹雪型駆逐艦の５番艦。サボ島沖夜戦では輸送部隊に随伴していたが、海戦の翌日、米爆撃機の空襲で推進力を喪失、雷撃処分された

吹雪型駆逐艦３番艦。エンドウ沖海戦、サボ島沖夜戦、第三次ソロモン海戦などに参加。昭和18年ブインで停泊中、米軍の空襲を受け沈没

吹雪型駆逐艦 初雪 *HATSUYUKI*

竣工・昭和4年(1929) 3月30日～
沈没・昭和18年(1943) 7月17日

米軍は「Tokyo Express」と呼んだ夜間の輸送作戦

ガダルカナル島周辺の制空権を米軍が獲得したため、日本軍は輸送船団を送ることが不可能となった。そのため駆逐艦を使い夜間に沿岸部まで進入し、武器弾薬や食料を詰めたドラム缶を海面に投下後、夜明けまでに制空権外に逃れるという作戦を実行した。夜中に動くことから、作戦に参加する将兵たちは「鼠輸送」と呼んだ。しかし、物資が確実に渡らず、また米艦隊に撃沈される艦も多かった

辺に米艦隊の姿はなく、支援部隊を率いる五藤存知司令官は敵部隊は不在と考えた。これが後の悲劇を生む。

　支援部隊はサボ島沖まで接近し、攻撃配置についた直後、米艦隊を発見したが僚艦と誤認してしまう。対する米艦隊は猛烈な砲撃を開始した。旗艦の重巡『青葉』は僚艦と思い込んでいたため「ワレアオバ」と発光信号により誤射を止めようとした。初撃により『青葉』に座乗していた五藤司令官以下艦の幹部が戦死し戦線を離脱、後続する重巡『古鷹』は集中砲撃に沈没した。重巡『衣笠』の奮闘により米駆逐艦を撃沈させ一矢を報いたが、飛行場砲撃、輸送作戦のいずれも失敗に終わった。

日本海軍人物ガイド
五藤存知(ごとうありとも) 中将

明治21年（1888）茨城県に生まれる。海軍兵学校を卒業後は水雷畑を歩み、戦艦『山城』『陸奥』の艦長を歴任。太平洋戦争では第六戦隊司令官に任じられ、ウェーク島攻略戦、珊瑚海海戦、第一次ソロモン海戦に参加。昭和17年（1942）サボ島沖夜戦で、座乗していた重巡『青葉』の艦橋に敵弾が直撃。爆発により両足が吹き飛ばされ出血多量で戦死、死後特進した。享年55。

サボ島沖夜戦参加艦艇表

●日本軍
★第６戦隊　司令官・五藤存知少将
【重巡】青葉、古鷹、衣笠
駆逐隊
【駆逐艦】吹雪、初雪、叢雲
●アメリカ軍
★巡洋艦部隊　ノーマン・スコット少将
【重巡】サンフランシスコ、ソルトレイクシティ
【軽巡】ボイス、ヘレナ
【駆逐艦】ファーレンホルト、ダンカン、ラフェイ、ブキャナン、マッカーラ

ヘンダーソン飛行場砲撃

昭和17年(1942)10月13日

戦艦の巨砲で飛行場を夜間砲撃して使用不能にさせたが効果は続かず

英国で建造された日本初の超弩級戦艦

欧米に比べ戦艦建造能力に劣っていた日本が、技術導入を兼ねて英国アームストロング社に発注したのが『金剛』であった。竣工時は巡洋戦艦に類別されていたが、二次にわたる近代化改装を経て、太平洋戦争ではマレー侵攻作戦支援やセイロン島攻略戦に従事。昭和19年(1944)レイテ沖海戦から帰投中に米潜水艦の雷撃により沈没

金剛型戦艦 **金剛** *KONGOU*

竣工・大正2年(1913) 8月16日～
沈没・昭和19年(1944)11月21日
基準排水量 3万1720トン
全長 222.65メートル
主兵装 45口径36センチ連装砲 4基8門

民間で建造された初の戦艦

『金剛』建造により得た技術を基に神戸川崎造船所で建造された。『榛名』は太平洋戦争海戦の初戦から『金剛』と組んで各作戦に従事。ヘンダーソン飛行場砲撃後は、マリアナ沖海戦、レイテ沖海戦などに参加。昭和20年(1945)に日本に帰投。呉で停泊中、米艦載機の攻撃を受け大破着底し、その状態で終戦を迎えた

金剛型戦艦 **榛名** *HARUNA*

竣工・大正4年(1915) 4月19日～
大破着底・昭和20年(1945) 7月28日

新型砲弾「三式弾」を用いて飛行場を使用不能にさせた

米軍が占拠したヘンダーソン飛行場を艦砲射撃により使用不能にさせようと企図した日本海軍であったが、サボ島沖夜戦が惹起したことで、第一次攻撃は失敗に終わった。そもそもこの作戦、実施部隊指揮官に任じられた第三戦隊司令官の栗田健男中将から、危険が大きすぎると具申されたほど。だが、山本五十六連合艦隊司令長官から「ならば自分が『大和』で出て指揮を執る」と言われたため、栗田はしぶしぶ引き受けたと言われる。

　金剛型戦艦2隻と水雷戦隊から成る挺身攻撃隊は、昭和17年（1942）

ヘンダーソン飛行場砲撃　艦隊行動図

サボ島
エスペランス岬
挺身攻撃隊
00:20 射撃再開
00:10 射撃中止
射撃終了 01:00
23:35 射撃開始
23:23 変針
タサファロング
クルツ岬
ルンガ岬
ガダルカナル島
ヘンダーソン飛行場
マタニカウ川
ルンガ川
※時間はすべて日本時間

ヘンダーソン飛行場に主砲を斉射する戦艦金剛

戦艦『金剛』『榛名』の搭載する36センチ砲による夜間攻撃の様子。発砲炎で艦体の姿が美しく浮かび上がっている

高雄型重巡 摩耶 MAYA

竣工・昭和7年(1932) 6月30日〜
沈没・昭和19年(1944)10月23日
基準排水量 1万3400トン
全長 203.76メートル
主兵装 50口径20.3センチ連装砲 5基10門

高雄型4番艦。昭和17年（1942）10月15日に実施された第3回ヘンダーソン飛行場砲撃のほか、第三次ソロモン海戦などに参加。レイテ沖海戦で米潜水艦の雷撃を受け沈没した

長良型軽巡 五十鈴 ISUZU

竣工・大正12年(1923) 8月15日〜
沈没・昭和20年(1945) 4月7日
基準排水量 5170トン
全長 162.1メートル
主兵装 50口径14センチ砲 7基7門

数多くの海戦に参加し損傷を受けながらも活躍したが、昭和20年(1945)インドネシアで米潜水艦の雷撃を受け沈没

陽炎型駆逐艦 早潮 HAYASHIO

竣工・昭和15年(1940) 8月31日〜
沈没・昭和17年(1942)11月24日
基準排水量 2000トン
全長 118.5メートル
主兵装 50口径12.7センチ連装砲 2基4門

太平洋戦争開戦時、第二水雷戦隊に所属。各戦線を転戦。B17の爆撃を受けて沈没した

日本海軍人物ガイド

栗田健男（くりたたけお） 中将

明治22年（1889）4月28日、茨城県水戸市に生まれる。海軍兵学校卒業38期。駆逐艦長、水雷戦隊司令などを務め、昭和17年（1942）第三艦隊司令長官としてヘンダーソン飛行場砲撃や南太平洋作戦に参加。昭和19年（1944）第一遊撃部隊を指揮しレイテ沖海戦に参加。レイテ島を目前にして謎の反転を行なう。昭和52年（1977）12月19日死去。享年89。

10月11日にトラックを出撃。島へ向かう途中の13日朝に、サボ島沖夜戦の結果が伝わるが、艦隊は引き返すことなく同日の夜。島に潜伏する陸軍の支援を受けて、『金剛』『榛名』の主砲による飛行場砲撃を敢行した。

砲撃は約1時間30分に及び、途中米軍の妨害も入ったが、無事成功した。この砲撃では、三式弾と呼ばれる新型の焼夷榴弾が主に使用され、滑走路や駐機中の米軍機に大きな打撃を与えた。

しかし、この時点で米軍は2つめの飛行場を完成させていた。日本海軍はその存在を知らなかったため、効果は限定的になり、後に行なわれた輸送作戦で大きな被害を出してしまった。

ヘンダーソン飛行場砲撃参加艦艇

●日本軍
挺身攻撃隊　司令官／栗田健男少将
第3戦隊　栗田健男少将直率
【戦艦】金剛、榛名
第2水雷戦隊
【軽巡】五十鈴
第15駆逐隊【駆逐艦】親潮、黒潮、早潮
第24駆逐隊【駆逐艦】海風、江風、涼風
第31駆逐隊【駆逐艦】高波、巻波、長波

南太平洋海戦

昭和17年(1942)10月26日

第二次ソロモン海戦に続く空母打撃戦は日米両軍に被害が出る痛み分けに

翔鶴型空母 翔鶴 SHOUKAKU

竣工・昭和16年(1941) 8月8日～沈没・昭和19年(1944) 6月19日	
基準排水量	2万5675トン
全長	257.5メートル
搭載航空機	艦戦18機(補用2機) 艦攻27機(補用5機) 艦爆27機(補用5機)

日本型空母の完成形といわれた

ワシントン条約の破棄により、日本海軍はこれまで積み重ねてきた空母のノウハウを基に、初の大型制式空母の建造に着手した。これにより誕生したのが翔鶴型空母である。その1番艦『翔鶴』は姉妹艦の『瑞鶴』とともに真珠湾攻撃やセイロン沖海戦、珊瑚海海戦などに従事。海戦では被弾することが多かったため被害担当艦と呼ばれた。昭和19年(1944)マリアナ沖海戦で沈没した

飛鷹型空母 隼鷹 JUN-YOU

改造完成・昭和17年(1942) 5月3日～太平洋戦争終戦まで健在	
基準排水量	2万4140トン
全長	219.32メートル
搭載航空機	艦戦12機(補用3機) 艦攻18機 艦爆18機(補用2機)

商船改造空母としては優秀

有事の際、空母に改造することを前提として建造中だった日本郵船の貨客船『橿原丸』を空母に改造し『隼鷹』となった。アリューシャン作戦、南太平洋海戦、マリアナ沖海戦などに参加。昭和19年(1944)12月、雷撃を受け損傷、佐世保で係留された状態で終戦を迎えた

ヘンダーソン飛行場総攻撃支援のため大艦隊が出撃

ガダルカナル島を巡る戦いは、日本軍が劣勢のまま推移していた。昭和17年10月下旬、島に上陸していた日本陸軍第一七軍はヘンダーソン飛行場への総攻撃を決定。日本海軍も陸軍を支援するため、近藤信竹中将が率いる戦艦『金剛』『榛名』を基幹とした第二艦隊と航空隊の再編がなった空母『翔鶴』『瑞鶴』を基幹とする南雲忠一中将指揮下の第三艦隊を出撃させた。

対する米軍はこれまでの戦いで空母『ワスプ』が撃沈、空母『サラトガ』が損傷しており、空母『エンタープライズ』『ホーネット』だけを主力艦部

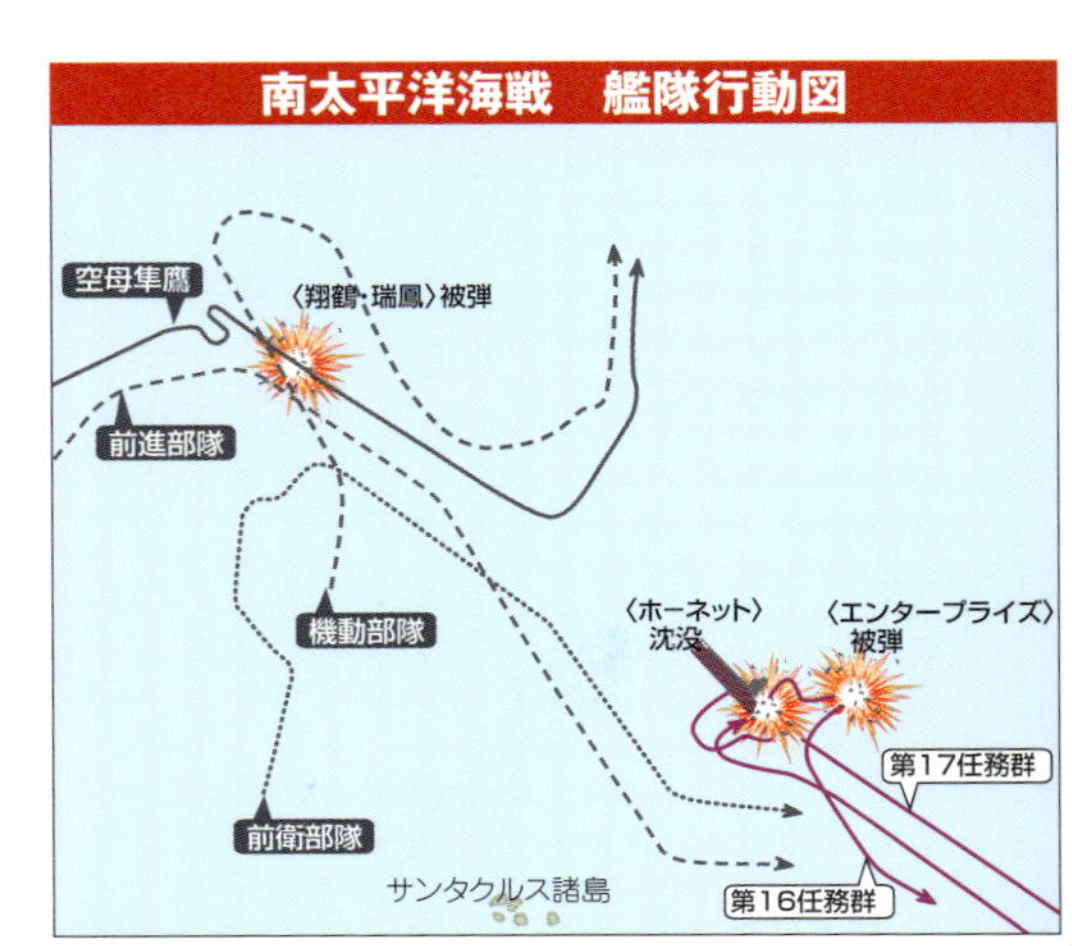

日本海軍人物ガイド

近藤信竹（こんどうのぶたけ）大将

明治19年（1886）大阪府生まれ。海軍兵学校を主席で卒業し、ドイツ駐在武官、連合艦隊参謀長などを経て、海軍軍令部次長に就任。太平洋戦争では、第二艦隊司令長官となり、太平洋戦争初期の南方作戦を指揮した。その後、軍事参議官として終戦を迎えた。昼行灯と揶揄されることもあったが、武人としての気迫も持っていた。昭和28年（1953）2月19日死去。享年68。

南太平洋海戦参加艦艇表

●日本軍
★機動部隊（第3艦隊）　司令長官／南雲忠一中将
第１航空戦隊　南雲忠一中将直率
【空母】翔鶴、瑞鶴、瑞鳳
第７戦隊　司令官／西村祥治少将
【重巡】熊野
第４駆逐隊　司令／有賀幸作大佐
【駆逐艦】嵐、舞風
第16駆逐隊　司令／荘司喜一郎大佐
【駆逐艦】初風、雪風、天津風、時津風
第61駆逐隊　司令／則満宰次大佐
【駆逐艦】秋月、照月
★前衛部隊　司令官／阿部弘毅少将
第11戦隊　阿部弘毅少将直率
【戦艦】比叡、霧島
第８戦隊　司令官／原忠一少将
【重巡】利根、筑摩、鈴谷
第10戦隊　司令官／木村進少将
【軽巡】長良
第10駆逐隊　司令／阿部俊雄大佐
【駆逐艦】秋雲、風雲、巻雲、夕雲
第17駆逐隊　司令／北村昌幸大佐
【駆逐艦】浦風、磯風、谷風
★前進部隊　司令長官／近藤信竹中将
第３戦隊　司令官／栗田健男中将
【戦艦】金剛、榛名
第４戦隊　司令官／近藤信竹中将直率
【重巡】愛宕、高雄、摩耶
第５戦隊　司令官／高木武雄少将
【重巡】妙高
第２航空戦隊　司令官／角田覚治少将
【空母】隼鷹
第２水雷戦隊　司令官／田中頼三少将
【軽巡】五十鈴
第15駆逐隊　司令／佐藤寅次郎大佐
【駆逐艦】黒潮、親潮、早潮
第24駆逐隊　司令／中原義一郎大佐
【駆逐艦】海風、涼風、江風
第31駆逐隊　司令／清水利夫大佐
【駆逐艦】長波、巻波、高波
●アメリカ軍
★機動部隊　司令官／T·C·キンケード少将
第16任務部隊
【空母】エンタープライズ
【戦艦】サウスダコタ
【重巡】ポートランド
【軽巡】１隻
【駆逐艦】８隻
第17任務部隊
【空母】ホーネット
【重巡】ノーザンプトン、ペンサコラ
【軽巡】３隻
【駆逐艦】６隻

陽炎型駆逐艦　嵐 ARASHI

竣工・昭和16年(1941) 1月27日～
沈没・昭和18年(1943) 8月6日
基準排水量　2000トン
全長　118.5メートル
主兵装　50口径12.7センチ連装砲 2基4門

陽炎型駆逐艦９番艦の『天津風』は姉妹艦の中でも歴戦を誇る優秀艦であった。同じく16番艦の『嵐』はミッドウェー海戦で『赤城』を雷撃処分したことで知られる

陽炎型駆逐艦　天津風 AMATSUKAZE

竣工・昭和15年(1940)10月26日～
沈没・昭和20年(1945) 4月10日

夕雲型駆逐艦　巻雲 MAKIGUMO

竣工・昭和17年(1942) 3月14日～
沈没・昭和18年(1943) 2月1日
基準排水量　2077トン
全長　119メートル
主兵装　50口径12.7センチ連装砲 3基6門

陽炎型を改良した夕雲型駆逐艦の２番艦。ガダルカナル島撤収作戦（ケ号作戦）中、エスペランス岬沖で触雷し航行不能となったため雷撃処分

秋月型駆逐艦　照月 TERUZUKI

竣工・昭和17年(1942) 8月31日～
沈没・昭和17年(1942)12月12日
基準排水量　2701トン
全長　134.2メートル
主兵装　65口径10センチ連装高角砲 4基8門

対空戦闘用に建造された秋月型駆逐艦の２番艦。輸送作戦中サボ島沖で魚雷艇の雷撃を受けて沈没した

隊とともに島周辺に遊弋（ゆうよく）させていた。

同年10月26日の早朝、日米両軍はほぼ同時に敵艦隊を発見し、空母艦載機を発進させた。戦闘の結果、『ホーネット』を撃沈し『エンタープライズ』も中破させた。しかし『翔鶴』が大破し、『瑞鳳』が中破しただけでなく、航空機を92機も喪失、ベテラン搭乗員の多数が戦死してしまった。そのため作戦の主目的であった陸軍への支援は失敗に終わってしまう。戦術的には勝利を得た日本軍ではあったが、戦略的には敗北であった。

しかし、この戦いで米軍は太平洋上で稼働する空母が一時的になくなり、「最悪の海軍記念日」と衝撃を受けた。

第三次ソロモン海戦

昭和17年(1942)12月12～15日

2夜にわたる海戦で戦艦2隻を喪失し大きな打撃を受けてしまった

HIEI

金剛型戦艦 **比叡**

竣工・大正3年(1914) 8月4日～
沈没・昭和17年(1942)11月13日
基準排水量 3万2156トン
全長 219.46メートル
主兵装 45口径36センチ連装砲 4基8門

日本海軍初の喪失戦艦となった

初の国産超弩級戦艦として横須賀海軍工廠で竣工した。ロンドン海軍軍縮条約により兵装が撤去され練習戦艦となったが、条約失効により戦艦として復活。太平洋戦争では姉妹艦の『霧島』とともに第一航空艦隊の支援部隊を編成。真珠湾攻撃をはじめ南雲機動部隊の快進撃を支えた。第三次ソロモン海戦で舵機を損傷し、雷撃処分された

高雄型重巡 **愛宕** ATAGO

竣工・昭和7年(1932) 3月30日～
沈没・昭和19年(1944)10月23日
基準排水量 1万3400トン
全長 203.76メートル
主兵装 50口径20.3センチ連装砲 5基10門

第二艦隊旗艦として活躍した

高雄型重巡の２番艦だが竣工は本艦の方が早かった。太平洋戦争では第二艦隊旗艦となり姉妹艦の『高雄』『摩耶』『鳥海』とともにマレー作戦を支援。その後蘭印作戦支援のため南方で活躍した。ソロモン方面の戦いでは、ヘンダーソン飛行場砲撃支援、第三次ソロモン海戦などに参加。レイテ沖海戦で米潜水艦の待ち伏せを受けて沈没した

大乱戦となった第一夜線

日本海軍は苦戦する陸軍支援のため、再びヘンダーソン飛行場を砲撃すべく『比叡』『霧島』を基幹とした挺身攻撃隊を出撃させた。11月13日深夜、島に接近する日本艦隊をレーダーにより察知した米艦隊ではあったが、艦隊行動に混乱が生じたため先手が取れず、逆に駆逐艦『夕立』らが突撃したことで味方撃ちを誘発。米艦隊司令部が壊滅するなど大混乱を生じた。しかし、日本艦隊もまた旗艦『比叡』艦尾に命中弾を受け舵機を損傷。曳航の可能性がないとして翌14日に雷撃処分された。『霧島』は残存部隊をまとめあげ、後

日本海軍人物ガイド

吉川潔(きっかわきよし) 少将

明治33年（1900）広島県で生まれる。海軍兵学校を卒業し、駆逐艦長として艦を渡り歩く。大胆な戦法で多くの戦果を上げた。第三次ソロモン海戦では駆逐艦『夕立』を指揮。僚艦『春雨』とともに米艦隊に突撃し砲雷撃戦で多数の命中弾を出した。昭和18年（1943、駆逐艦『大波』の艦長に就任。同年11月24日のセントジョージ岬沖海戦で米駆逐艦隊の先制攻撃を受け戦死。享年44

陽炎型駆逐艦 雪風 *YUKIKAZE*

陽炎型駆逐艦８番艦。フィリピン上陸作戦の支援を皮切りに各地を転戦。損傷を受けないことから「幸運艦」と呼ばれ終戦まで生き残り、戦後賠償艦として台湾に譲渡

竣工・昭和15年(1940) 1月20日〜太平洋戦争終戦まで健在	
基準排水量	2000トン
全長	118.5メートル
主兵装	50口径12.7センチ連装砲 2基4門

川内型軽巡 川内 *SENDAI*

竣工・大正13年(1924) 4月29日〜沈没・昭和18年(1943)11月2日	
基準排水量	5195トン
全長	162.2メートル
主兵装	50口径14センチ砲 7基7門

第三水雷戦隊旗艦としてマレー作戦やエンドウ沖海戦に参加。ブーゲンビル島沖海戦で米艦隊の砲雷撃を受け沈没

第二夜戦　艦隊行動図

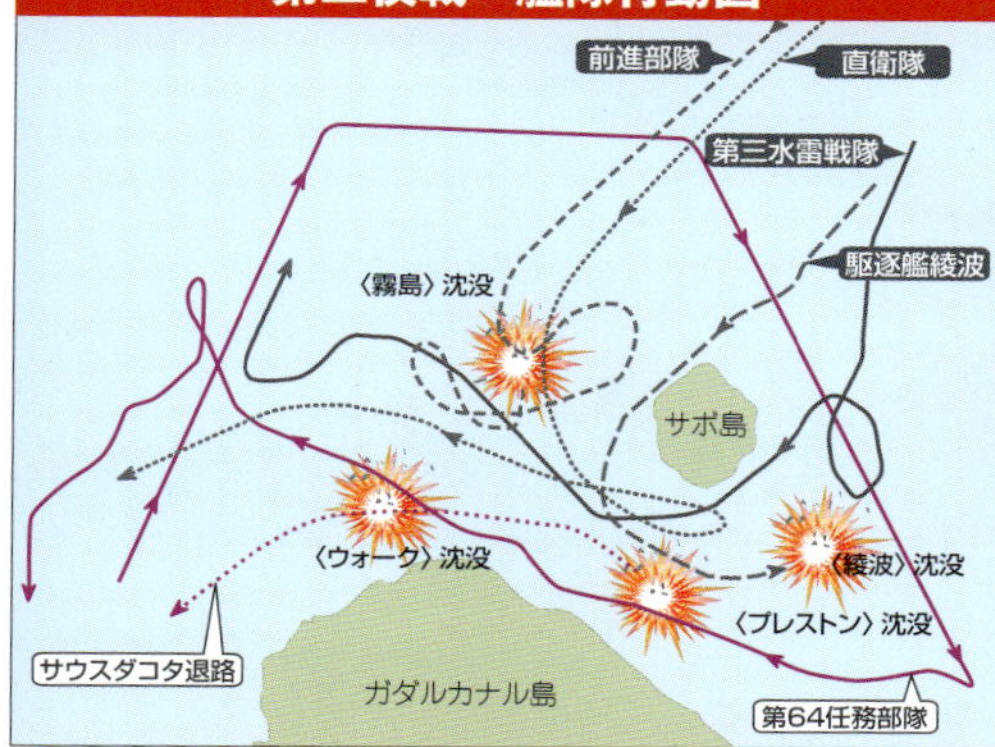

第一夜戦　艦隊行動図

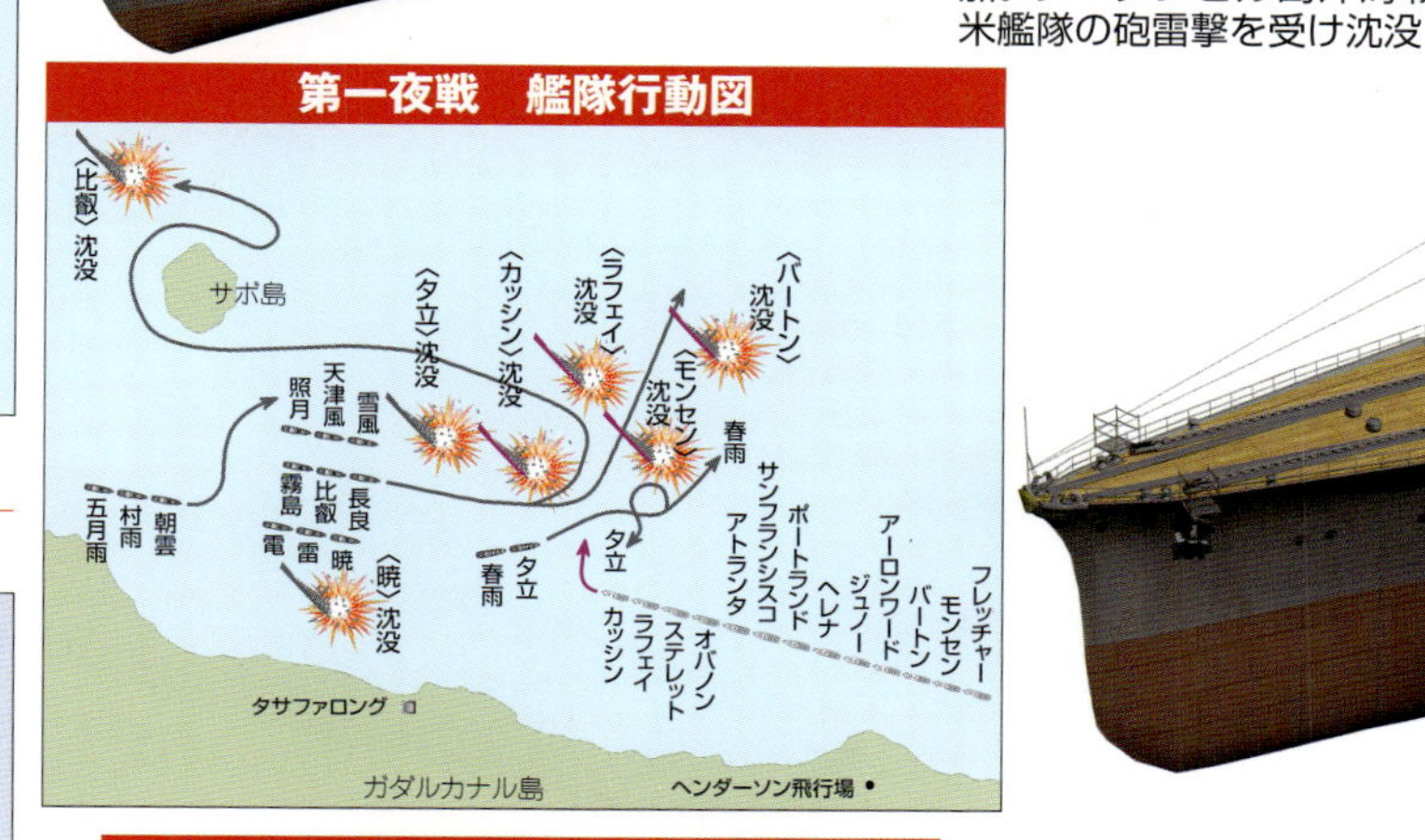

第三次ソロモン海戦第二夜戦 参加艦艇表

●日本軍
★前進部隊　司令長官／近藤信竹中将
　射撃隊　近藤信竹中将直率
　　第11戦隊より
　　【戦艦】霧島
　　第４戦隊より
　　【重巡】愛宕、高雄
　　第10戦隊　司令官／木村進少将
　　【軽巡】長良
　　第２駆逐隊より
　　【駆逐艦】五月雨
　　第６駆逐隊より
　　【駆逐艦】雷
　直衛隊　司令官／高間完少将
　　第９駆逐隊より
　　【駆逐艦】朝雲
　　第11駆逐隊　司令／杉野修一大佐
　　【駆逐艦】白雪、初雪、照月
　掃討隊　司令官／橋本信太郎少将
　　第３水雷戦隊　橋本信太郎少将直率
　　【軽巡】川内
　　第19駆逐隊　司令／大江覧治大佐
　　【駆逐艦】浦波、敷波、綾波
☆外南洋部隊　司令長官／三川軍一中将
　主隊　三川軍一中将直率
　　第８艦隊　三川軍一中将直率
　　【重巡】鳥海
　　第６戦隊より
　　【重巡】衣笠
　　付属
　　【軽巡】五十鈴
　　【駆逐艦】朝潮
　支援隊　司令官／西村祥治少将
　　第７戦隊　司令官／西村祥治少将
　　【重巡】鈴谷、摩耶
　　第18戦隊　司令官／松山光治少将
　　【軽巡】天龍
　　第10駆逐隊より
　　【駆逐艦】夕雲、巻雲、風雲
●アメリカ軍
★アメリカ海軍　司令官／ウィリス・A・リー少将
　【戦艦】ワシントン、サウスダコタ
　【駆逐艦】４隻

第三次ソロモン海戦第一夜戦 参加艦艇表

●日本軍
★挺身攻撃隊　司令官／阿部弘毅中将
　第11戦隊　阿部弘毅中将直率
　【戦艦】比叡、霧島
　第10戦隊　司令官／木村進少将
　【軽巡】長良　艦長／田原吉興大佐
　　第16駆逐隊　司令／荘司喜一郎大佐
　　【駆逐艦】天津風、雪風
　第４水雷戦隊　司令官／高間完少将
　　第９駆逐隊より
　　【駆逐艦】朝雲
　　第２駆逐隊　司令／橘正雄大佐
　　【駆逐艦】村雨、五月雨、夕立、春雨
　　第27駆逐隊　司令／瀬戸山安秀大佐
　　【駆逐艦】時雨、白露、夕暮
　第６駆逐隊　司令／山田勇助大佐
　【駆逐艦】暁、雷、電
　第61駆逐隊　司令／則満宰次大佐
　【駆逐艦】照月
★増援部隊　司令官／田中頼三少将
　第２水雷戦隊　田中頼三少将直率
　　第15駆逐隊　司令／佐藤寅次郎大佐
　　【駆逐艦】黒潮、親潮、早潮
　　第24駆逐隊　司令／中原義一郎中佐
　　【駆逐艦】海風、涼風、江風
　　第31駆逐隊　司令／清水利夫大佐
　　【駆逐艦】長波、巻波、高波
　　収容隊
　　【駆逐艦】望月、天霧
●アメリカ軍
★支援部隊　司令官／ダニエル・J・キャラガン少将
　【重巡】サンフランシスコ、ポートランド
　【軽巡】ヘレナ、ジュノー、アトランタ
　【駆逐艦】８隻

続する近藤信竹司令長官率いる部隊と合流。再び飛行場砲撃に向かったが、米軍は戦艦『ワシントン』『サウスダコタ』を主力とした部隊を派遣。激しい砲撃戦の結果、『霧島』が沈没するなど大きな損害を受けてしまった。

ルンガ沖夜戦

昭和17年(1942)11月30日

輸送作戦中に米艦隊に発見された第二水雷戦隊が雷撃戦を敢行

夕雲型駆逐艦 長波 NAGANAMI

竣工・昭和17年(1942) 3月5日〜
沈没・昭和19年(1944)11月11日
基準排水量　2077トン
全長　119メートル
主兵装　50口径12.7センチ連装砲3基6門

夕雲型駆逐艦 高波 TAKANAMI

竣工・昭和17年(1942) 8月31日〜
沈没・昭和17年(1942)11月30日

激戦を潜り抜けた優秀艦

夕雲型の４番艦で、竣工後第二水雷戦隊に編入されソロモン方面へ進出。ヘンダーソン飛行場砲撃、ルンガ沖夜戦などに参加。昭和19年(1944)輸送船護衛中に米艦載機群の空襲を受けて沈没した

常に最前線で活躍

白露型駆逐艦の９番艦。スラバヤ沖海戦、第二次ソロモン海戦などに参加。ベラ湾夜戦で米駆逐艦隊の砲雷撃を受け沈没した

白露型駆逐艦 江風 KAWAKAZE

竣工・昭和12年(1937) 4月30日〜
沈没・昭和18年(1943) 8月6日
基準排水量　1685トン
全長　111メートル
主兵装　50口径12.7センチ連装砲2基4門

ルンガ沖夜戦　艦隊行動図

司令官・田中頼三の指揮は米軍に大打撃を与えた

輸送船団をガダルカナル島へ送り込めないため、島に潜伏する陸軍部隊は飢えに苦しんでいた。海軍では駆逐艦を使った鼠輸送を行なっていたが、この動きは米軍に察知されることになる。

昭和17年（1942）11月30日、田中頼三少将率いる第二水雷戦隊の駆逐艦8隻はドラム缶に詰めた物資を満載してタサファロング泊地に向かったが、米艦隊に発見されてしまう。田中司令官は輸送作戦を中断し、戦闘行動に移った。米艦隊の集中攻撃を受け駆逐艦『高波』が沈没するが、水雷戦隊の放った魚雷により、重巡『ノーザンプトン』が沈没、重巡3隻を大破させる戦果を得た。

この海戦後も駆逐艦部隊による輸送作戦は4次にわたり継続されたが、投下したドラム缶を米軍により破壊されるなど成果はほとんどなく、作戦は中止。島よりの撤退が決定された。

ルンガ沖夜戦戦参加艦艇表

●日本軍
★増援部隊　司令官／田中頼三少将
警戒隊
第31駆逐隊　司令／清水利夫大佐
【駆逐艦】長波、高波
輸送隊
第15駆逐隊　司令／中原義一郎中佐
【駆逐艦】親潮、黒潮、陽炎
第３駆逐隊より
【駆逐艦】巻波
第24駆逐隊　司令／佐藤寅次郎大佐
【駆逐艦】江風、涼風
●アメリカ軍
★第67任務部隊　司令官・ライト少将
【重巡】ミネアポリス、ペンサコラ、ニューオリンズ、ノーザンプトン
【軽巡】ホノルル
【駆逐艦】フレッチャー、ドレイトン、モーリー、パーキンス、ラムソン、ラードナー

日本海軍人物ガイド　田中頼三（たなからいぞう）中将

明治25年（1892）山口県生まれ。海軍兵学校を卒業後、水雷畑を歩み各種水上艦艇で勤務。太平洋戦争直前に第二水雷戦隊司令官に着任し、スラバヤ沖海戦やソロモン方面での作戦に従事。ルンガ沖夜戦で大きな戦果を上げたが補給作戦の失敗などを咎められ、陸上勤務に回され終戦を迎えた。昭和44年（1969）7月9日死去。享年78。

キスカ撤収作戦

昭和18年（1943）7月29日

島を奪還せんと迫り来る米軍の隙を突き無傷で守備部隊の撤収に成功

陽炎型駆逐艦 秋雲 AKIGUMO

竣工・昭和16年(1941) 9月27日〜
沈没・昭和19年(1944) 4月11日

基準排水量	2000トン
全長	118.5メートル
主兵装	50口径12.7センチ連装砲2基4門

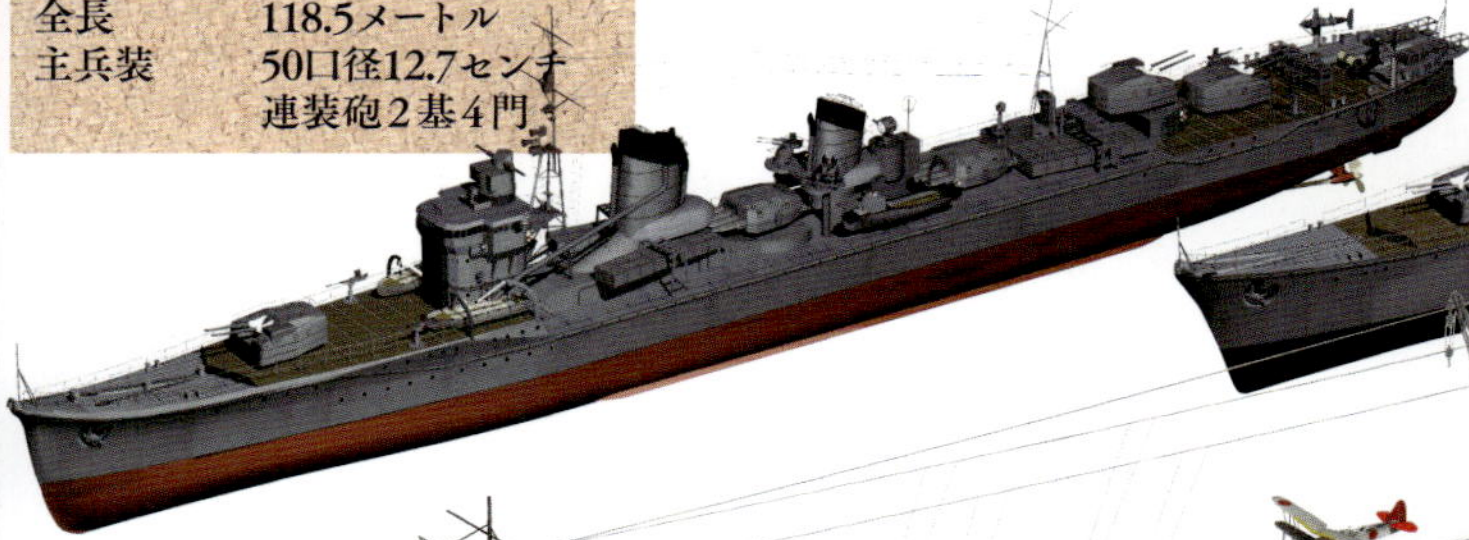

空母部隊に随伴し、南太平洋戦争では航行不能となった米空母を雷撃処分した。昭和19年(1944)、フィリピンで米潜水艦の雷撃を受けて沈没した

島風型駆逐艦 島風 SHIMAKAZE

竣工・昭和18年(1943) 5月10日〜
沈没・昭和19年(1944)11月11日

高速・重雷装の艦隊型駆逐艦として計画された。海軍最速となる40.37ノットを記録したが、量産はされなかった

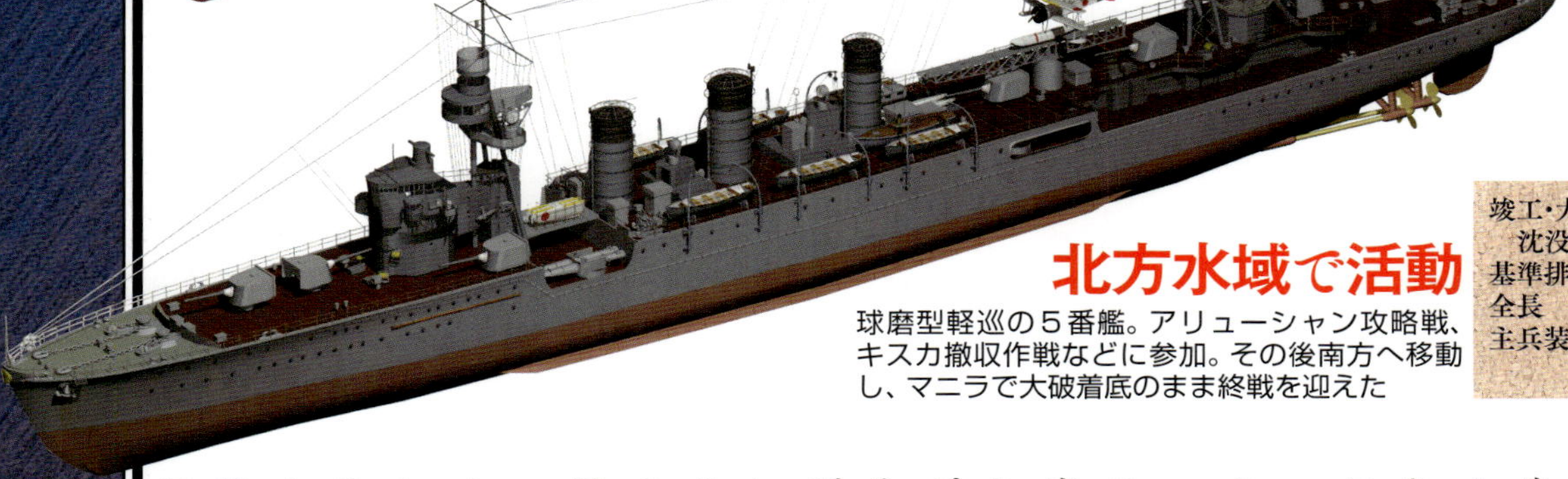

球磨型軽巡 木曽 KISO

竣工・大正10年(1921) 5月4日〜
沈没・昭和19年(1944)11月13日

基準排水量	5100トン
全長	162.1メートル
主兵装	50口径14センチ砲7基7門

北方水域で活動

球磨型軽巡の５番艦。アリューシャン攻略戦、キスカ撤収作戦などに参加。その後南方へ移動し、マニラで大破着底のまま終戦を迎えた

名将・木村昌福の慎重な判断が作戦成功に結びつく

ミッドウェー海戦の枝作戦として行なわれたアリューシャン作戦で、日本軍はアリューシャン列島にあるアッツ島およびキスカ島を奪取した。アメリカは両島を奪還するため度々攻撃を行なっていたが、昭和18年（1943）に攻略を本格化させた。これによりアッツ島は守備兵が玉砕することとなり、キスカ島も侵攻が予想された。

大本営はキスカ島守備兵5200名の撤退を決定し、海軍は木村昌福少将率いる第一水雷戦隊を救出艦隊に当てた。この作戦を成功させるには、視界がゼロに近い濃霧がキスカ島近辺に発生していることと電探及び逆探を装備した艦艇がいることが必須であった。そのため就役したばかりの新鋭高速駆逐艦の『島風』が配備された。

作戦は昭和18年（1943）7月12日に行なわれる計画だったが、当日は濃霧が発生せず、木村少将は一旦突入を諦め、帰投命令を発した。この行動は連合艦隊司令部や大本営から批判されたが、木村少将はまったく意に介さなかった。

同年7月29日、濃霧の発生予報を得た木村少将は、艦隊を島に突入させ、まったく無傷で守備兵の撤退に成功。「奇跡の作戦」と讃えられた。

キスカ撤収作戦　艦隊行動図

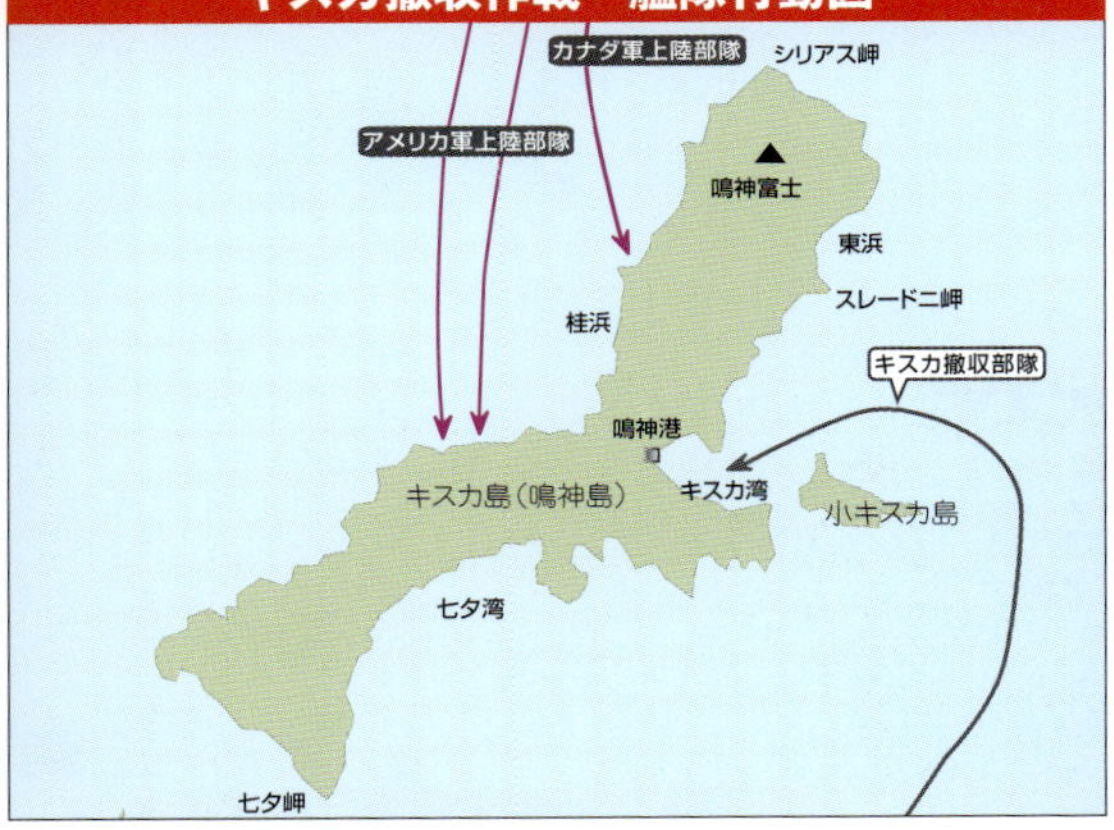

キスカ撤収作戦参加艦艇表

●日本軍
★キスカ撤収部隊　司令官／木村昌福少将
【軽巡】阿武隈、木曽
【駆逐艦】島風、野風、波風、秋雲、夕雲

日本海軍人物ガイド　木村昌福（きむらまさとみ）中将

明治24年（1891）静岡県生まれ。海軍の水雷戦術専門家として駆逐隊司令、軽巡洋艦艦長などを歴任。昭和18年（1943）第三水雷戦隊司令官となりビスマルク海海戦で負傷。復帰後、第一水雷戦隊司令官となりキスカ島撤収作戦を成功させた。昭和35年（1960）2月14日死去。享年70。

戦史の影に沈んだ 不遇の艦艇 その2

最強の艦艇と期待されながら戦う場を得られず、能力を秘匿したまま沈んでいった艦艇。数ある海軍の艨艟（もうどう）の中で、ある意味では最も不遇だったといえよう

世界のビッグ7とまで謳われた戦艦陸奥の沈没の謎

長門型戦艦の2番艦として誕生した戦艦『陸奥』は、41センチ主砲を搭載する武装が強力なばかりに、軍縮条約のきっかけともなった。その結果、日本海軍は41センチ主砲を搭載する戦艦は『長門』と『陸奥』しか保有できなくなり、長らく連合艦隊の主力として君臨した。ちなみにビッグ7とは、アメリカに3隻、イギリスに2隻いた41センチ主砲戦艦に『長門』と『陸奥』を加えたもの。

しかし太平洋戦争が始まると、海戦の主体は空母機動部隊となり、『陸奥』のような巨大戦艦は後方待機するしかなかった。僅かに第二次ソロモン海戦に出撃したが、戦闘に参加することはできなかった。

そして昭和18年（1943）6月8日、『陸奥』は瀬戸内海に停泊したまま大爆発を起こして沈没してしまう。原因はスパイ説や乗員の不注意説などがあり、今でも謎のまま。結局、『陸奥』は一度も敵軍に対して主砲を発射することなく、生涯を閉じてしまった。

その能力を発揮できなかったという意味では、『大井』と『北上』もまた不遇の艦だった。

球磨型軽巡として誕生した『大井』と『北上』は、大戦前の昭和16年（1941）8月に、改装工事を受けた。新規に開発された九三式酸素魚雷の能力を最大限に発揮するために、重雷装艦に生まれ変わったのだ。61センチ4連装魚雷発射管を片舷に5基ずつ搭載し、40本もの魚雷を搭載することとなった。この重雷装艦こそ46センチ主砲を搭載する大和型戦艦と並び、日本海軍の最終秘密兵器だったのだ。

しかし、ミッドウェー海戦には出撃したものの、『大井』と『北上』はその能力を発揮する場を得られなかった。40本も野ざらしの状態で魚雷を搭載していたことで、航空機の攻撃には弱いと判断され、海戦への派遣が見送られたのだ。

結局、『大井』は輸送任務の途上、敵潜水艦の雷撃を受けて昭和19年（1944）7月に沈没。『北上』は後に回天搭載母艦に改装され、海戦に出ないまま終戦を迎えている。両艦ともに40本の魚雷を発射する機会はついに訪れなかった。

［長門型戦艦］陸奥 MUTSU

竣工・大正10年(1921)10月24日〜
沈没・昭和18年(1943)6月8日

基準排水量	3万9130トン
全長	224.94メートル
兵装	45口径41センチ連装砲4基8門

［球磨型軽巡（重雷装型）］大井 OH-I

竣工・大正10年(1921)10月3日〜
沈没・昭和19年(1944)7月19日

基準排水量	6900トン
全長	152.4メートル
兵装	61センチ4連装魚雷発射管10基

第四章 落日の艦隊

昭和19年1月～
昭和20年8月

昭和19年1月～昭和20年8月

太平洋戦争後期はこう動いた

奮戦するも劣勢は否めず

ソロモン戦線で戦力を大きく消耗してしまった連合艦隊は、絶対国防圏内での決戦に備えて戦力の回復に主眼をおいていた。満を持したマリアナ沖海戦、レイテ沖海戦に敗れ、ついに連合艦隊は壊滅した

最終決戦と目したマリアナ、レイテでの連合艦隊

昭和19年（1944）に入ってから、日本軍はソロモンや中部太平洋で完全に劣勢に立たされていた。大本営では前年のうちに「絶対国防圏」を設定。マリアナ諸島以西の海域を国防の要と定め、本土と南方からの資源の輸入路を確保しようとしていた。

その構想に応じた海軍は、当面において大規模な艦隊派遣を控え、この圏内に敵軍が侵攻してきた時に艦隊決戦で迎え撃つことにした。ソロモンで損耗した航空機の補充を図り、態勢の回復に努めた。その間にアメリカ軍はマーシャル諸島、ギルバート諸島などの日本軍基地を島伝いに攻略、中部太平洋の根拠地となっていたトラックにまで空襲を仕掛けてきたが、連合艦隊は迎撃しようとはしなかった。

そして昭和19年6月、アメリカ軍は大艦隊を催して、マリアナ諸島へ侵攻してきた。絶対国防圏の中まで侵攻を受けては、連合艦隊も手をこまねいていられない。まだ戦力の回復は十分ではなかったが、日本軍は空母9隻からなる機動部隊を送り出し、これまで前線に出ることはなかった戦艦『大和』『武蔵』までをも投入した。しかし、空母15隻を連ねるアメリカ軍の前に敗退し、せっかく補充した航空戦力も潰えてしまった。

このマリアナ沖海戦以降、日本軍は機動部隊を再編成することはできなくなってしまう。空母はまだ残っていて、航空機も何とか揃えることができた。しかし、空母艦載機を操縦できる熟練の搭乗員が完全に枯渇してしまったのだ。

同年10月のレイテ沖海戦では、『大和』『武蔵』の戦艦部隊をレイテ湾に

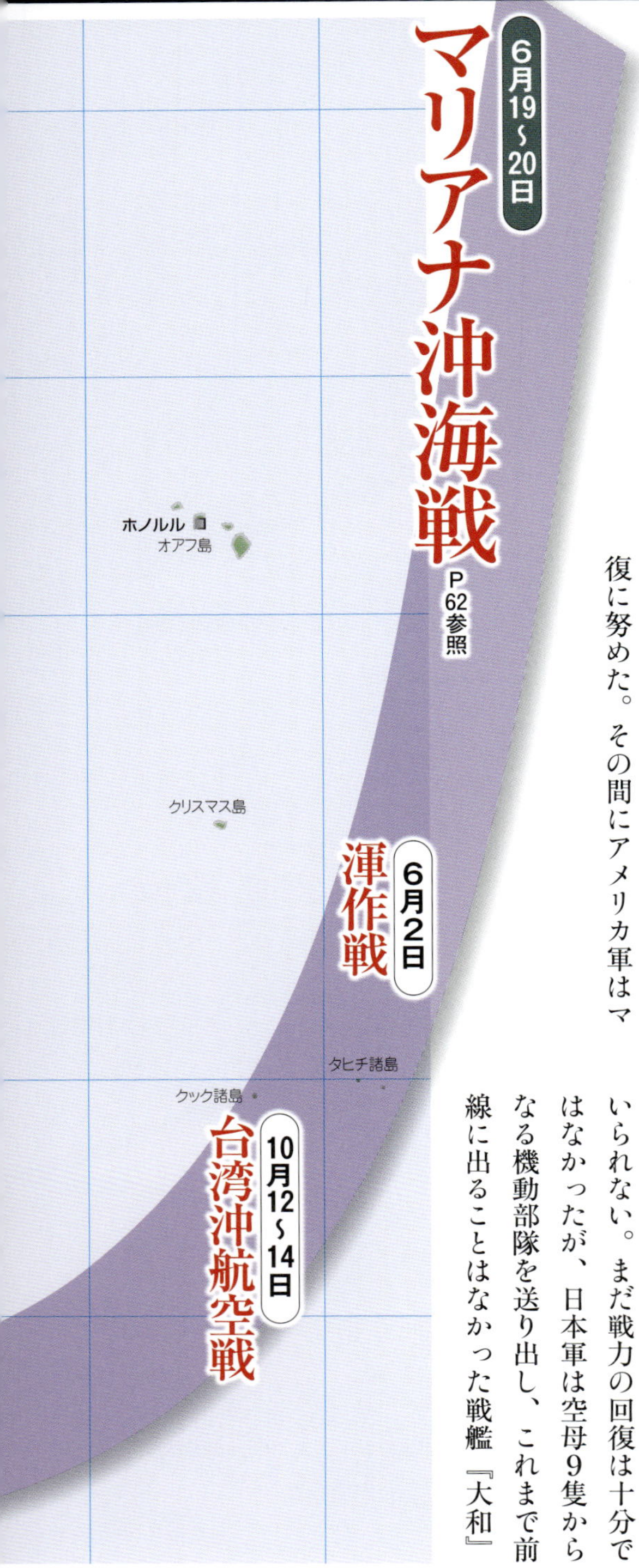

シブヤン海海戦で猛攻撃を受け大破した戦艦『武蔵』(手前)と重巡『利根』

昭和19年（1944）

6月2日 渾作戦

6月19～20日 マリアナ沖海戦 P62参照

10月12～14日 台湾沖航空戦

ホノルル
オアフ島
クリスマス島
タヒチ諸島
クック諸島

突入させるという、残存する連合艦隊の全兵力を投入した捷一号作戦が発動。しかし、参加できた空母はわずか4隻で、搭乗するのは発着艦もこなせない新米ばかり。与えられた作戦は、囮となって敵機動部隊を北方に誘致するというものだった。しかし、このレイテ沖でも敗戦すると、それ以降は大規模な艦隊さえ編成できず、衰亡の一途をたどることになる。

Episode

「特攻作戦」は海軍がレイテ沖海戦で始めた

太平洋戦争の末期、本土へ侵攻してくる敵艦隊に対し、唯一有効な迎撃手段といわれたのが、特別攻撃隊だった。航空機に爆薬を搭載し、敵艦に体当りしてこれを撃破する。搭乗員の戦死が約束されている特攻は、実はレイテ沖海戦時に初めて実施された。フィリピンの航空隊の司令長官だった大西瀧治郎中将が、レイテ湾に突入する戦艦部隊の支援として命じた。

この最初の特攻が敵空母を撃沈する戦果を上げたことから、これ以降はどの部隊も特攻を敢行し、陸軍もこれに追随していくこととなる。しかし後に大西中将は、特攻のことを「統帥の外道だ」と自嘲している。

急降下爆撃を受け回避運動する瑞鶴

急降下爆撃は爆撃機が上空から一直線に降下して投弾する。被弾を避けるためには舵を切って狙いを外させることが重要だった

飛鷹型空母 飛鷹 HIYOU

改造完成・昭和17年(1942) 7月31日～
沈没・昭和19年(1944) 6月20日
基準排水量 2万4140トン
全長 219.32メートル
搭載航空機 艦戦12機(補用3機)
艦攻18機
艦爆18機(補用2機)

姉妹艦で機関が異なる

商船として建造途中だった艦体を改造して空母化したもので、姉妹艦の『隼鷹』とはわずかに仕様が異なる

龍鳳型空母 龍鳳 RYUHOU

改造完成・昭和17年(1942)11月30日～
太平洋戦争終戦時まで残存
基準排水量 1万3360トン
全長 215.65メートル
搭載航空機 艦戦21機
艦攻9機(補用3機)

潜水母艦から空母へ

ロンドン軍縮条約により補助艦艇の保有数も限定されたため、海軍は規制にかからない1万トン以下の潜水母艦や給油艦を有事の際に空母に改造する計画・建造を行なった。『龍鳳』は潜水母艦『大鯨』を改装した空母で、この他高速給油艦『高崎』『剣崎』を改造した『瑞鳳』『祥鳳』があった

空機攻撃を行なう「アウトレンジ作戦」で勝利を得ようとし、先制空襲した。

だが、日本の攻撃隊の多くはその動きをレーダーにより察知され、待ちかまえていた敵戦闘機に撃墜される。さらに米艦隊上空に達した日本機も命中率を格段に高めたVT信管を装備した対空弾に撃墜されて、日本の先制空襲は惨敗に終った。

日本の主力空母『大鳳』『翔鶴』が米潜水艦に撃沈され、翌日まで続いたこの海戦によって連合艦隊はその空母戦力の大部分を失い、米軍の侵攻阻止に失敗。マリアナ諸島が失陥したことで、本土空襲が行なわれることは確実となった。

日本海軍人物ガイド 小沢治三郎（おざわじさぶろう）中将

明治19年（1886）宮崎県生まれ。連合艦隊参謀長、第一航空戦隊司令官などを歴任。海軍のなかでは航空戦の専門家として知られた。太平洋戦争では南遣艦隊司令長官としてマレー作戦に参加。その後、第一機動艦隊司令長官としてマリアナ沖海戦、レイテ沖海戦に参加。最後の連合艦隊司令長官（海軍総司令長官兼任）として終戦を迎えた。昭和41年（1966）11月9日死去。享年81。

珊瑚海海戦参加艦艇表

●日本軍
★第1機動艦隊　司令長官／小沢治三郎中将
甲部隊
第１航空戦隊【空母】大鳳、翔鶴、瑞鶴
第５戦隊【重巡】妙高、羽黒
第10戦隊【軽巡】矢矧
第10駆逐隊【駆逐艦】朝雲
第17駆逐隊【駆逐艦】磯風、浦風、雪風
第61駆逐隊【駆逐艦】初月、若月、秋月、霜月
乙部隊
第２航空戦隊【空母】隼鷹、飛鷹、龍鳳
【戦艦】長門
【重巡】最上
第４駆逐隊【駆逐艦】野分、山雲、満潮
第27駆逐隊【駆逐艦】時雨、浜風、早霜、秋霜
前衛隊
第１戦隊【戦艦】大和、武蔵
第３戦隊【戦艦】金剛、榛名
第４戦隊【重巡】愛宕、高雄、摩耶、鳥海
第７戦隊【重巡】熊野、鈴谷、利根、筑摩
第２水雷戦隊【軽巡】能代
第31駆逐隊【駆逐艦】長波、朝霜、岸波、沖波
第32駆逐隊【駆逐艦】玉波、浜波、藤波、島風
第３航空戦隊
【空母】千歳、千代田、瑞鳳
【軽巡】名取
【駆逐艦】初霜、栂、夕凪
●アメリカ軍
★アメリカ海軍　司令官／R･A･スプルーアンス大将
【空母】15隻
【戦艦】７隻
【重巡】８隻
【軽巡】10隻
【駆逐艦】67隻
【空母機】831機

レイテ沖海戦

シブヤン海海戦

昭和19年(1944)10月24日

米軍上陸部隊を撃滅すべく戦艦を主体にした部隊がレイテ湾をめざす

大和型戦艦 **武蔵** *MUSASHI*

竣工・昭和17年(1942) 8月5日～
沈没・昭和19年(1944)10月24日
基準排水量 6万4000トン
全長 263メートル
主兵装 45口径46センチ3連装砲3基9門

多数の魚雷と爆撃によりその身を海中に沈めた

大和型戦艦の２番艦として三菱長崎造船所で建造された。民間造船所が建設したため内装などは『大和』よりも豪華だったと伝わる。史上最大の艦載砲となる46センチ砲を３基９門搭載し、最強の戦艦と目されていた。竣工後、トラック泊地に赴くが長らく実戦に出ることはなく、本来の目的である水上打撃戦に用いられることはなかった。シブヤン海海戦で魚雷20本、爆弾17発を受け、必死の応急処置も叶わず沈没した

MYOUKOU
妙高型重巡 **妙高**

竣工・昭和4年(1929) 7月31日～
太平洋戦争終戦まで残存
基準排水量 1万3000トン
全長 203.76メートル
主兵装 50口径20.3センチ連装砲5基10門

世界の海軍関係者の度肝を抜いた重武装巡洋艦

妙高型巡洋艦の１番艦として竣工。５基10門の20.3センチ砲と４連装魚雷艦４基という重武装はワシントン海軍軍縮条約の遠因となった。スラバヤ沖海戦、ブーゲンビル島沖海戦などに参加。レイテ沖海戦で損傷し、日本へ回航する途中、雷撃を受けてシンガポールに戻りそのまま終戦を迎えた

フィリピン奪還を目論む米軍を打破すべく出撃す

昭和19年（1944）10月20日、マッカーサー陸軍大将が指揮するアメリカ南西太平洋方面軍はフィリピンを奪還するためレイテ島に上陸を開始した。日本陸海軍は全力を挙げてこれを攻撃するため戦艦と重巡洋艦を中心にした複数の打撃部隊を編成し、アメリカ陸軍の上陸地点タクロバンに突入し米軍の輸送部隊や上陸部隊を砲撃により壊滅させる作戦を決行しようとした。

戦艦『大和』『武蔵』『長門』を基幹とした栗田中将率いる第一遊撃部隊は

シブヤン海海戦　艦隊行動図

※時間はすべて日本時間

被害担当艦となり猛爆撃を受ける戦艦武蔵

米軍は『武蔵』に攻撃を集中。『武蔵』は次第に戦闘力を喪失していく。画面奥で航行するのは護衛の駆逐艦『清霜』

最上型重巡 鈴谷 *SUZUYA*

竣工・昭和12年(1937)10月31日～
沈没・昭和19年(1944)10月25日

基準排水量	1万2400トン
全長	200.6メートル
主兵装	50口径20.3センチ連装砲 5基10門

最上型重巡 熊野 *KUMANO*

竣工・昭和12年(1937)10月31日～
沈没・昭和19年(1944)11月25日

軽巡から重巡へ改装

最上型は1万トン級軽巡として建造されたが、太平洋戦争直前に20.3センチ砲に換装し重巡に類別が変更された。最初搭載された15.5センチ砲塔は大和型戦艦の副砲などに転用されている

夕雲型駆逐艦 清霜 *KIYOSHIMO*

竣工・昭和19年(1944) 5月16日～
沈没・昭和19年(1944)12月26日

基準排水量	2077トン
全長	119メートル
兵装	50口径12.7センチ連装砲 3基6門

夕雲型19番艦。竣工後は船団護衛や輸送任務に従事。レイテ沖海戦で『武蔵』の援護を担当した

ブルネイから出撃し、米軍の哨戒網をくぐり抜けようと北部から大きく回り込む航路を取ったが、23日の深夜、パラワン水道で米潜水艦の待ち伏せ攻撃に遭い、旗艦の重巡『愛宕』が沈没してしまう。

さらにシブヤン海北部から進撃中に米第三艦隊に捕捉されてしまう。米艦隊は艦載機を出撃させ6次にわたる空襲を行なう。米軍の攻撃を戦艦『武蔵』が被害担当艦となることで攻撃を吸収。艦隊全体としては大きな損耗を避けた。栗田中将はこの海戦での損傷は作戦実行に支障を来たさないと判断、作戦の継続を決定し、欺瞞行動を取りながらレイテ湾への進撃を続けた。

日本海軍人物ガイド 猪口敏平（いのぐちとしひら）中将

明治29年（1896）鳥取県生まれ。海軍兵学校卒業後は軽巡洋艦『鬼怒』や戦艦『扶桑』砲術長、砲術学校教官など一貫して砲術畑を歩み、海外でも「キャノン・イノグチ」として知られる砲術理論の権威であった。昭和19年（1944）、戦艦『武蔵』艦長に就任。「機銃のもう少し威力を大にせねばと思う」と遺書にしたため、レイテ沖海戦で沈みゆく『武蔵』と運命を共にした。享年49。

シブヤン海海戦参加艦艇表

●日本軍
★第1遊撃部隊　司令長官／栗田健男中将
　第1部隊　栗田健男中将直率
　　第1戦隊【戦艦】大和、武蔵、長門
　　第4戦隊【重巡】愛宕、高雄、鳥海、摩耶
　　第5戦隊【重巡】妙高、羽黒
　　第2水雷戦隊【軽巡】能代
　　　第2駆逐隊【駆逐艦】早霜、秋霜
　　　第31駆逐隊【駆逐艦】朝霜、長波、岸波、沖波
　　　第32駆逐隊【駆逐艦】藤波、浜波、島風
　第2部隊　司令官／鈴木義尾中将
　　第3戦隊【戦艦】金剛、榛名
　　第7戦隊【重巡】熊野、鈴谷、利根、筑摩
　　第10戦隊【軽巡】矢矧
　　第17駆逐隊【駆逐艦】浦風、磯風、浜風、雪風
　　付属【駆逐艦】清霜、野分
※第4戦隊『愛宕』はシブヤン海海戦以前に被雷沈没。『高雄』も被雷により大破し、第31駆逐隊の駆逐艦『朝霜』『長波』に護衛されてブルネイに回航した。

●アメリカ軍
★第3艦隊　司令長官／W・F・ハルゼー中将
　【空母】ホーネット、ワスプ、ハンコック、イントレピッド、バンカー・ヒル　他、計16隻
　【戦艦】ニュージャージー、アイオワ、マサチューセッツ、サウスダコタ、ワシントン、アラバマ　他、計18隻
　【重巡】チェスター、ソルトレイクシティ、ペンサコラ　他、計9隻
　【軽巡】ヴィンセンス、マイアミ、ビロクシー　他、15隻
　【駆逐艦】111隻

レイテ沖海戦

スリガオ海峡海戦

昭和19年(1944)10月24～25日

海戦史上最後の戦艦による水上打撃戦は日本側の完敗という結果に

扶桑型戦艦 **山城** *YAMASHIRO*

竣工・大正6年(1917) 3月31日～
沈没・昭和19年(1944)10月25日
基準排水量 3万4500トン
全長 212.75メートル
主兵装 45口径36センチ連装砲6基12門

扶桑型戦艦 **扶桑** *FUSOU*

竣工・大正4年(1915)11月8日～
沈没・昭和19年(1944)10月25日

海軍初の国産超弩級戦艦であった

扶桑型戦艦はそれまでの国産設計の戦艦をひな形に金剛型の設計も参考にして建造された。中央部の第3砲塔が前向き、『山城』が後ろ向きになっている。艦橋の形は新型砲塔の採用により射程が延伸し、それに合わせて艦橋構造物の配置をそれぞれ変えたために大きな差異が生じた。速度も金剛型戦艦と比べると低速で、太平洋戦争時には前線での活躍は難しいとされ、内地で待機状態が続いていた。レイテ沖海戦では数に優る米戦艦群との激闘の末、両艦とも沈没した

緻密な作戦を立案したが米軍の攻撃により単独突入

西村祥治中将率いる戦艦『山城』『扶桑』、重巡『最上』、駆逐艦4隻からなる部隊は、レイテ島の北方から進撃する第一遊撃部隊（栗田艦隊）と呼応してレイテ島南方から進撃する役割を担っていた。24日の深夜にレイテ島に突入する作戦が立てられていたが、栗田艦隊は同日にシブヤン海で米空母部隊の猛攻を受けて戦艦『武蔵』が沈没する被害を受けており、艦隊の損耗を避けるため一時後退していた。そのため突入時刻になってもレイテ島に到着していなかった。

西村艦隊に栗田艦隊の動向が伝わっ

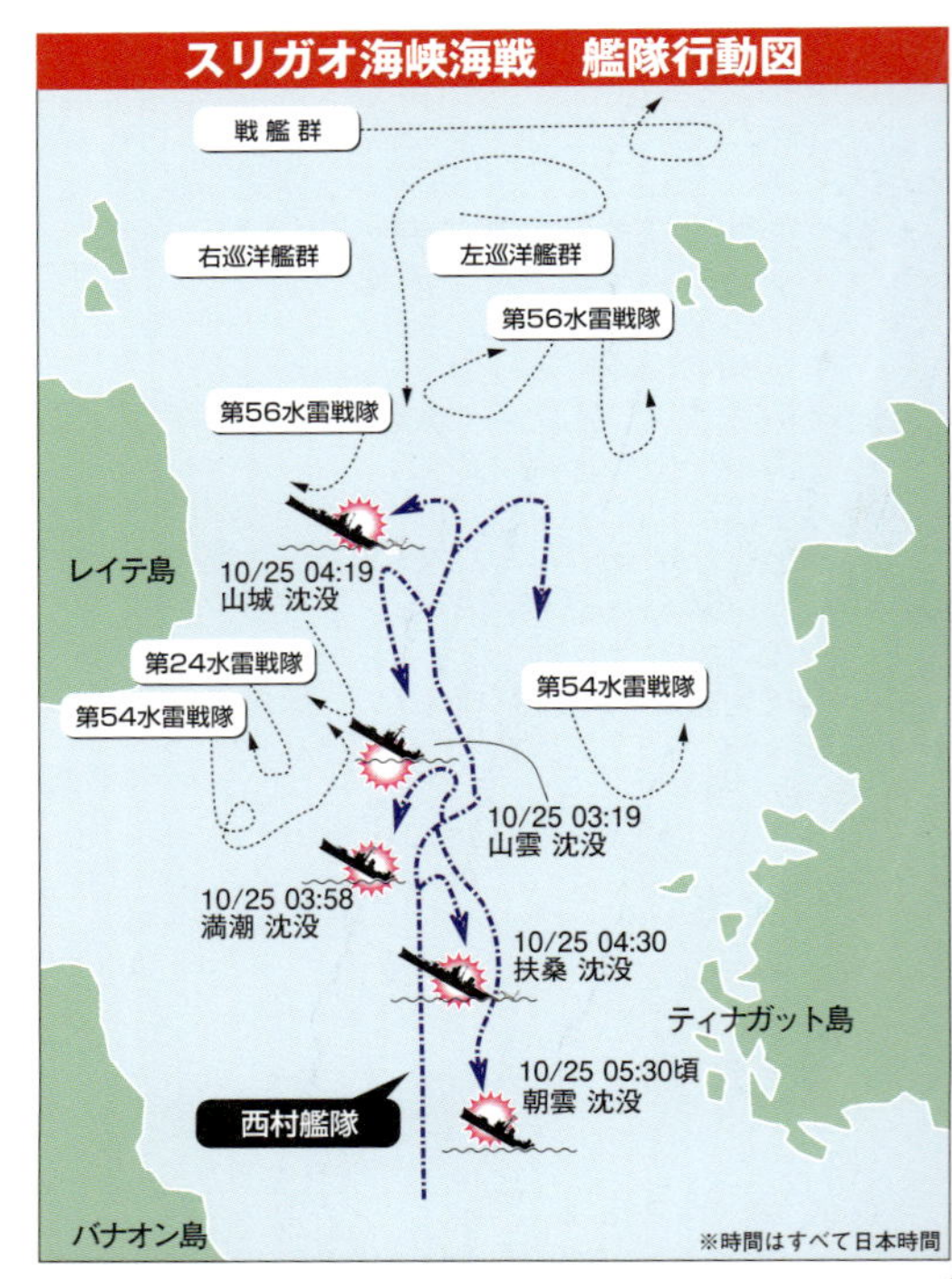

最上型重巡
最上 MOGAMI

竣工・昭和10年(1935)7月28日～
沈没・昭和19年(1944)10月25日
基準排水量　1万2400トン
全長　200.6メートル
主兵装　50口径20.3センチ連装砲5基10門

航空巡洋艦に改装

軽巡として建造され、開戦直前に砲塔を換装、重巡となった。ミッドウェー海戦で艦尾部を損傷したため水上機11機が運用できる航空巡洋艦へ改装されたが、活躍の場はあまりなかった

飢えた狼と呼ばれた

妙高型巡洋艦３番艦。ジョージ6世戴冠記念観艦式に派遣された際「飢えた狼」と形容された。太平洋戦争ではスラバヤ沖海戦に参加後、北方で活躍。バンカ海峡で英潜水艦に雷撃され沈没

妙高型重巡
足柄 ASHIGARA

竣工・昭和4年(1929) 8月20日～
沈没・昭和20年(1945) 6月8日
基準排水量　1万3000トン
全長　203.76メートル
主兵装　50口径20.3センチ連装砲5基10門

日本海軍人物ガイド

西村祥治（にしむらしょうじ）中将

明治22年（1889）秋田県生まれ。海軍兵学校を卒業後、艦隊勤務が長く「見張りの神様」の異名があった。太平洋戦争では、第四水雷戦隊司令官としてバリクパパン沖海戦やスラバヤ沖海戦に参加。その後、第七戦隊司令官に任じられ、第二次ソロモン海戦や南太平洋海戦に参戦。レイテ沖海戦では第一遊撃部隊第三部隊司令官となり、旗艦『山城』艦上で戦死した。享年56。

白露型駆逐艦
時雨 SHIGURE

竣工・昭和11年(1936) 9月7日～
沈没・昭和20年(1945) 1月24日
基準排水量　1685トン
全長　111メートル
主兵装　50口径12.7センチ連装砲2基4門

唯一生き残った幸運艦

スリガオ海峡海戦において全滅の憂き目にあった西村艦隊のなかで唯一生還したのが、この駆逐艦『時雨』である。珊瑚海海戦、ミッドウェー海戦、第三次ソロモン海戦、マリアナ沖海戦などに参加して武勲を重ねた

スリガオ海峡海戦参加艦艇表

●日本軍
★第１遊撃部隊支隊　指揮官／西村祥治中将
　第３部隊　西村祥治中将直率
　　第２戦隊【戦艦】山城、扶桑
　　　　　　【重巡】最上
　　第４駆逐隊【駆逐艦】満潮、朝雲、山雲
　　第27駆逐隊【駆逐艦】時雨
★第２遊撃部隊　司令長官／志摩清英中将
　第21戦隊【重巡】那智、足柄
　第１水雷戦隊【軽巡】阿武隈
　　第7駆逐隊【駆逐艦】曙、潮
　　第18駆逐隊【駆逐艦】不知火、霞
　　第21駆逐隊【駆逐艦】若葉、初春、初霜
●アメリカ軍
★第７艦隊　司令官／オルデンドルフ少将
　【戦艦】ミシシッピ、メリーランド、ウェストバージニア　他、計７隻
　【重巡】ルイビル、ポートランド、ミネアポリス、シュロップシャー(豪)
　【軽巡】デンバー、コロンビア、ボイシ、フェニックス
　【駆逐艦】21隻
　【魚雷艇】39隻

ていたか不明だが、西村中将は予定通り、スリガオ海峡を抜けてレイテ島への進攻を決意。しかしそこにはオルデンドルフ少将率いる戦艦6隻をはじめとした60隻以上の大艦隊が待ち受けていた。日付が変わった25日未明、西村艦隊はスリガオ海峡突破を目論んだが、魚雷艇および駆逐艦の雷撃を受け、『扶桑』と駆逐艦3隻が沈没。残った『山城』『最上』も米戦艦部隊の猛烈な砲撃を受けて沈没し、唯一無傷だった駆逐艦『時雨』は戦線を離脱した。

西村艦隊に後続して志摩清英中将率いる部隊も海峡に突入したが、炎上する『最上』と旗艦の『那智』が衝突を起こすなどの被害を出し、反転した。

レイテ沖海戦

エンガノ岬沖海戦

昭和19年(1944)10月25日

米機動部隊の目を栗田艦隊から逸らすため空母部隊が囮となった

水上機を運用する航空戦艦に改装された

計画では扶桑型の３～４番艦となる予定だったが、扶桑型の不具合を再設計し、伊勢型の誕生となった。しかし建艦技術などが未熟であったため問題点はすべて解消されなかった。昭和９年(1934)から主砲や副砲の仰角増大とそれに伴う測距・指揮装置の改良、装甲の増加、重油ボイラーへの換装など大幅な近代化改装工事が施された。昭和17年(1942) ５月、『伊勢』の５番砲塔が爆発する事故が発生。翌月のミッドウェー海戦での空母損失を受けて伊勢型を航空戦艦へと改造する決定が下された。計画では艦爆『彗星』を搭載する予定だったが、機体の配備が間に合わず飛行甲板に機銃や噴進砲(ロケット砲)が設置された

戦艦部隊の突入を支援するため囮となって壊滅した

レイテ湾突入を目論む第一遊撃部隊にとって、米機動部隊の目を他に向けさせることが最大の課題であった。そのため海軍は、空母部隊を囮として米機動部隊を吊り上げ、米機動部隊の行動を制限しようと考えた。空母部隊は先のマリアナ沖海戦で艦載機のほとんどを喪失する甚大な被害を受けて再編中であったが、搭乗員・航空機ともに補充の見込みはまったく立っておらず、部隊を出撃させても直掩機すら十分に揃わない「張子の虎」状態であった。

計画通り米機動部隊の攻撃を吸収し

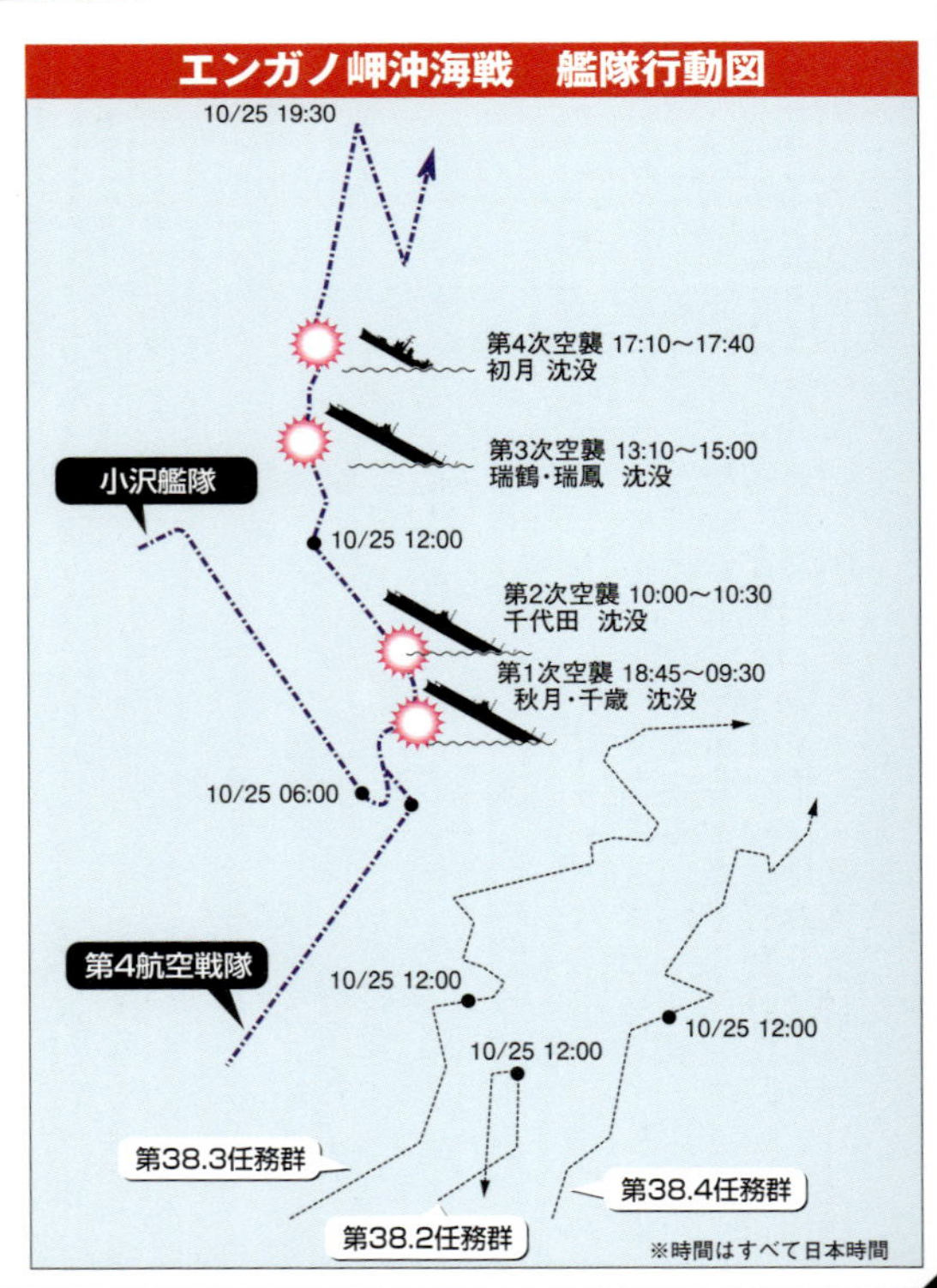

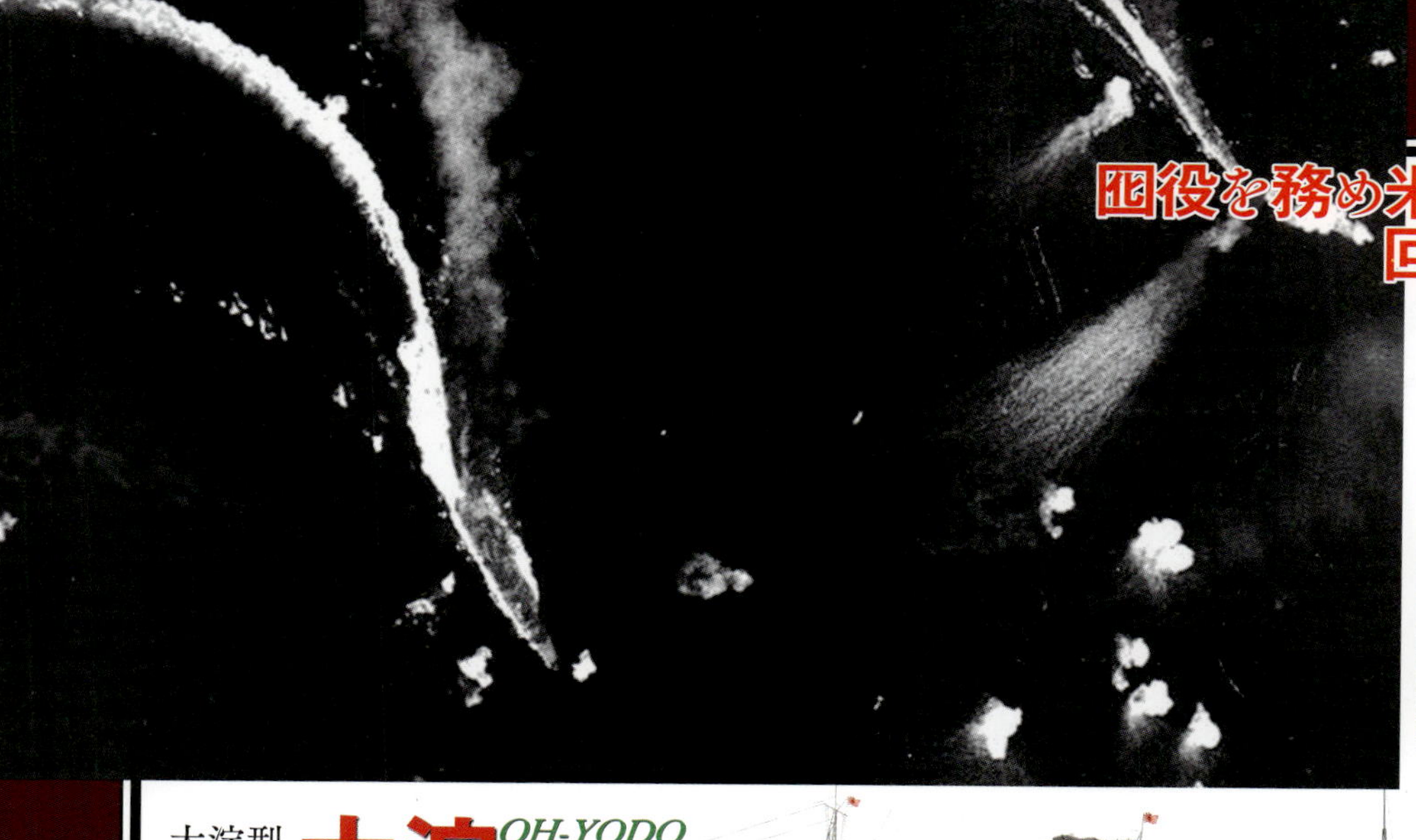

囮役を務め米軍艦載機の猛爆撃を回避行動中の空母瑞鶴

投下された爆弾を回避する伊勢型航空母艦（画面左下）。松田提督が作成した「爆弾回避法」による操艦が行なわれている

千歳型空母 千歳 CHITOSE

改造完成・昭和18年(1943)12月15日～
沈没・昭和19年(1944)10月25日
基準排水量　1万1190トン
全長　192.5メートル
搭載航空機　艦戦21機
艦攻9機

大淀型軽巡 大淀 OH-YODO

竣工・昭和18年(1943) 2月28日～
大破着底・昭和20年(1945) 7月28日
基準排水量　8164トン
全長　192.1メートル
主兵装　60口径15.5センチ3連装砲2基6門

潜水戦隊を指揮する軽巡として竣工。優秀な通信設備を持ち連合艦隊旗艦となったことも

千歳型空母 千代田 CHIYODA

改造完成・昭和18年(1943)12月15日～
沈没・昭和19年(1944)10月25日

水上機母艦を改造

水上機母艦として竣工し、その後水上機母艦兼用の甲標的母艦に改装される予定であったが、空母不足を受けて空母に改造された。29ノットの速力で空母としての活躍も十分可能だった

瑞鳳型空母 瑞鳳 ZUIHOU

改造完成・昭和15年(1940)12月27日～
沈没・昭和19年(1944)10月25日
基準排水量　1万1200トン
全長　205.5メートル
搭載航空機　艦戦21機
艦攻6機(補用3機)

高速給油艦『高崎』から空母に改造された。航空機輸送任務に従事し、マリアナ沖海戦にも出撃した

日本海軍人物ガイド 松田千秋（まつだちあき）少将

明治29年（1896）熊本県生まれ。複数の艦艇を渡り歩いた後、軍令部に出仕。戦艦『大和』の基本構想に関わる。また標的艦『摂津』艦長時代には対空戦操艦教本「爆弾回避法」を作成する。太平洋戦争では、戦艦『日向』『大和』『伊勢』艦長を歴任。エンガノ岬沖海戦では「爆弾回避法」に基づく操艦指揮で無傷で切り抜けている。終戦後は会社経営者となる。平成7年（1995）死去。享年100。

エンガノ岬沖海戦参加艦艇表

●日本軍
★機動部隊　司令長官／小沢治三郎中将
第３艦隊【空母】瑞鶴
第３航空戦隊【空母】瑞鳳、千歳、千代田
第４航空戦隊【戦艦】日向、伊勢
巡洋艦戦隊【軽巡】多摩、五十鈴
第１駆逐連隊
【軽巡】大淀
【駆逐艦】桑、槙、杉、桐
第２駆逐連隊
第61駆逐隊【駆逐艦】初月、秋月、若月
第41駆逐隊【駆逐艦】霜月
●アメリカ軍
★第34任務部隊
水上打撃任務部隊　司令官／ウィリス・A・リー中将
【戦艦】ニュージャージー、アイオワ、マサチューセッツ、ワシントンアラバマ、サウスダコタ
【重巡】ニューオリンズ、ウィチタ
【軽巡】サンタフェ、モービル、バーミングハム、ヴィンセンス、マイアミ、ビロクシー
【駆逐艦】18隻

ても生還の可能性は極めて低い作戦であったが、部隊を率いる小沢治三郎中将は粛々と任務をこなした。

昭和19年（1944）10月24日、小沢艦隊は米軍偵察機の接触を受け、その翌日の早朝から、数次にわたる猛烈な空襲を受けた。上空には少数の直掩機しかおらず、雨あられと投弾される爆雷撃を必死の操艦により躱（かわ）そうとしたが、空母4隻すべてが沈没した。

甚大な被害を出した小沢艦隊だったが、囮艦隊としての役割は見事に果たし、その結果を打電した。ところが、どういう理由かは不明だが、栗田艦隊はこれを受け取れなかった。このことが以後の作戦に齟齬を来した。

レイテ沖海戦
サマール島沖海戦
昭和19年(1944)10月25日
レイテへ進撃の
途中で米空母部隊発見!
一斉砲撃にかかった栗田艦隊
長門型
戦艦
長門
NAGATO
竣工・大正9年(1920)11月25日〜
太平洋戦争終戦時まで残存
基準排水量 3万9130トン
全長 224.94メートル
主兵装 45口径41センチ連装砲
4基8門
ビッグ7と讃えられた戦艦
世界初の41センチ(16インチ)砲を搭載した戦艦で、この長門型2隻とイギリスのネルソン級2隻、アメリカのコロラド級3隻が「ビッグ7」と呼ばれた。太平洋戦争開戦時は連合艦隊旗艦であった。マリアナ沖海戦、レイテ沖海戦に参加し、その後燃料不足から国内待機。終戦後アメリカに引き渡され、水爆実験で沈没した
TONE
利根型
重巡
利根
竣工・昭和13年(1938)11月20日〜
大破着底・昭和20年(1945) 7月28日
基準排水量 1万1213トン
全長 201.6メートル
兵装 50口径20.3センチ連装砲
4基8門
CHIKUMA
利根型
重巡
筑摩
竣工・昭和14年(1939) 5月20日〜
沈没・昭和19年(1944)10月25日
空母部隊の目となる
砲塔を艦の前部に集中させ、後部に巨大な航空機作業甲板を持つ利根型巡洋艦。計画時は軽巡だったが砲塔を計画変更し重巡となる。開戦時より南雲機動部隊に随伴し、偵察任務を行なう。レイテ沖海戦で『筑摩』が沈没。『利根』は呉で大破着底状態で終戦
妙高型
重巡
羽黒
HAGURO
竣工・昭和4年(1929) 4月25日〜
沈没・昭和20年(1945) 5月16日
基準排水量 1万3000トン
全長 203.76メートル
主兵装 50口径20.3センチ連装砲
5基10門
最後の海戦で沈没
妙高型重巡の4番艦。スラバヤ沖海戦、珊瑚海海戦、ミッドウェー海戦、ブーゲンビル島沖海戦、レイテ沖海戦などに参加。最後の海戦となるペナン沖海戦でイギリス駆逐艦部隊の雷撃を受けて、海中に没した

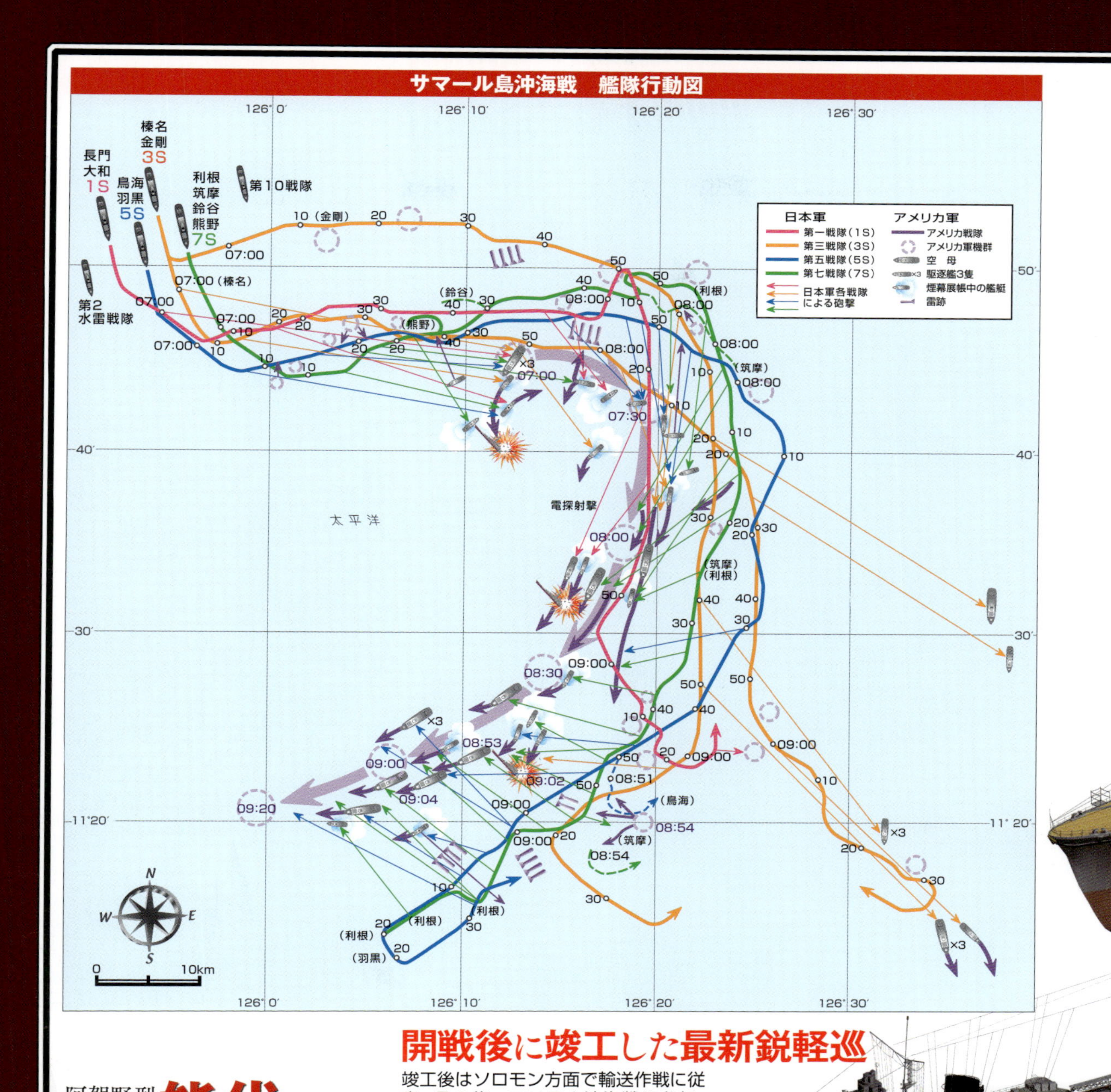

開戦後に竣工した最新鋭軽巡

阿賀野型軽巡 能代 *NOSHIRO*

竣工後はソロモン方面で輸送作戦に従事。その後、マリアナ沖海戦に参加。レイテ沖海戦から帰投中、空襲を受けて沈没した

竣工・昭和18年(1943) 6月30日～
　沈没・昭和19年(1944)10月26日

基準排水量	6652トン
全長	174.5メートル
主兵装	50口径15.2センチ連装砲 3基6門

陽炎型駆逐艦 野分 *NOWAKI*

竣工・昭和16年(1941) 4月28日～
　沈没・昭和19年(1944)10月25日

基準排水量	2000トン
全長	118.5メートル
主兵装	50口径12.7センチ連装砲 2基4門

陽炎型駆逐艦15番艦。「野分」とは台風の古称。ミッドウェー海戦で『赤城』を雷撃処分したことで知られる

予期していなかった会敵に栗田艦隊は奮い立った

シブヤン海海戦により戦艦『武蔵』などを喪った栗田艦隊は、一時退避をしていたが、再びレイテ島をめざして進撃を再開する。米艦載機の妨害も受けず、25日に日付が変わった後にサンベルナルジノ海峡を通過、サマール島を東方から回り込む航路を取った。

ここで、栗田艦隊は思わぬ邂逅を果たす。

午前6時45分頃、『大和』見張員が水平線上に浮かぶマストを発見したのだ。栗田艦隊はこれを米機動部隊と判断したが、実はサマール島沖で上陸部

隊の支援を行なっていたスプレイグ少将指揮のカサブランカ級護衛空母からなる部隊であった。

護衛空母は建造が容易な商船構造の小型空母で、艦載機を運用するのに足りる最小限の規模で設計された。別名「ベビー空母」とも呼ばれた。搭載機数は30機程度だが、日本空母にはないカタパルトを装備し、艦隊を組めば制式空母にも劣らない戦力を有する。

栗田中将は各部隊に攻撃を下令。宇垣纏中将が指揮する戦艦『大和』『長門』の第一戦隊がまず動き、両艦は主砲による砲撃を開始。その他の部隊も砲撃を開始した。

作戦は甚大な被害を出して失敗に終わってしまった

砲撃を受けた空母部隊は逃走しながら艦載機を発進させ、空母部隊を護衛していた駆逐艦も果敢に交戦した。

その結果、米護衛空母『ガンビアベイ』のほか駆逐艦3隻を撃沈するが、護衛空母群の艦載機からの攻撃により栗田艦隊も巡洋艦部隊6隻中5隻が被弾する被害をこうむった。

栗田艦隊はその後、部隊を集結させ、レイテ湾へと向かったが、突入直前になって謎の反転を行ない、根拠地へ帰投してしまった。

サマール島沖海戦参加艦艇表

●日本軍
★第１遊撃部隊　司令長官／栗田健男中将
　第１部隊　栗田健男中将直率
　　第１戦隊【戦艦】大和、長門
　　第４戦隊【重巡】鳥海
　　第５戦隊【重巡】羽黒
　　第２水雷戦隊【軽巡】能代
　　　第２駆逐隊【駆逐艦】早霜、秋霜
　　　第31駆逐隊【駆逐艦】岸波、沖波
　　　第32駆逐隊【駆逐艦】藤波、浜波、島風
　第２部隊　司令官／鈴木義尾中将
　　第３戦隊【戦艦】金剛、榛名
　　第７戦隊【重巡】熊野、鈴谷、利根、筑摩
　　第10戦隊【軽巡】矢矧
　　第17駆逐隊【駆逐艦】浦風、磯風、雪風
　　付属【駆逐艦】野分
●アメリカ軍
★第４群護衛空母部隊　司令官／トーマス・L・スプレイグ少将
　第３集団
　【護衛空母】ファンショーベイ、ホワイトプレインズ、カリニンベイ、セントロー、キトカンベイ、ガンビアベイ
　【駆逐艦】ホーエル、ヒーアマン、ジョンストン
　【護衛駆逐艦】デニス、ジョン・C・バトラー、レイモンド、サミュエル・B・ロバーツ

日本海軍人物ガイド

宇垣纏中将

明治23年（1890）岡山県生まれ。海軍兵学校卒業後、軍令部参謀、ドイツ駐在武官、第二艦隊参謀、海軍大学校教官、戦艦『日向』艦長などを歴任。開戦時には連合艦隊参謀長の地位にあった。常に不機嫌そうな表情をしていたため「黄金仮面」などと綽名された。宇垣が太平洋戦争中につづった陣中日記『戦藻録』は、現在でも第一級の資料として評価されている。山本五十六が米軍機により襲撃され戦死した「海軍甲事件」で負傷。その後、第一戦隊司令官、第五航空艦隊司令長官となり、終戦の詔を聞いた後、部下と共に特攻に出撃し行方不明に。享年56。

敵空母部隊に砲撃用意！

サンベルナルジノ海峡を越えて太平洋に進出した栗田艦隊は、10時の方向に空母数隻と護衛駆逐艦からなる艦隊を発見。これを敵機動部隊主隊と判断し、一斉に砲身が鎌首をもたげた

栗田艦隊の砲撃を受けて炎上、沈没寸前の護衛空母『ガンビアベイ』

レイテ沖海戦では、連合艦隊は再建不能に近い被害に遭い、また作戦の目的であった米軍上陸部隊への打撃も失敗に終わった。上陸した米軍部隊はフィリピンに駐屯する日本陸海軍部隊を徐々に制圧。首都マニラも陥落し、日本軍は山岳地帯で徹底抗戦した。

またこのサマール島沖海戦で損傷した護衛空母に対し、神風特別攻撃隊による攻撃が行なわれ、戦果を上げた。これにより特攻作戦が容認されるようになっていく。

昭和20年（1945）4月7日

沖縄特攻

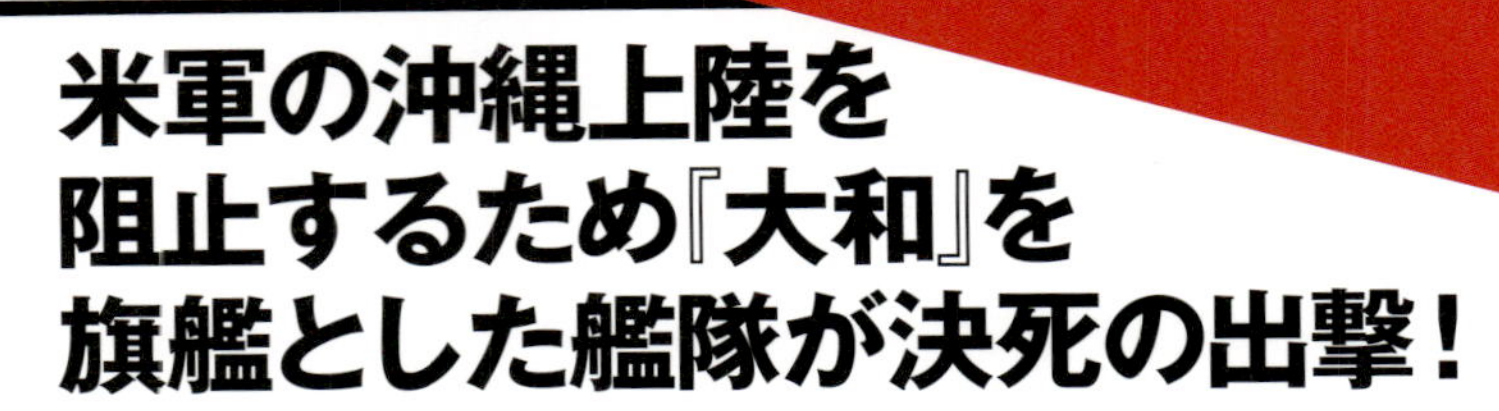

米軍の沖縄上陸を阻止するため『大和』を旗艦とした艦隊が決死の出撃！

大和型戦艦 **大和** *YAMATO*

竣工・昭和16年(1941)12月16日〜
沈没・昭和20年(1945) 4月7日
基準排水量　6万4000トン
全長　263メートル
主兵装　45口径46センチ3連装砲 3基9門

世界最大の巨砲を積んだ戦艦

戦艦による洋上決戦こそ対米戦勝利の鍵であると確信していた海軍は、軍縮条約失効後の新戦艦を密かに計画。仮想敵のアメリカはパナマ運河の通航条件に拘束されて主砲41センチ砲までの戦艦しか造れないと考えられ、それを凌駕する巨砲搭載艦を建造すれば質の面で対米劣勢を克服できると判断。46センチ砲を搭載する大和型戦艦を設計建造した。しかし、太平洋戦争が勃発すると海戦の主役は空母となり、活躍の場はなかった。最後の出撃となった沖縄特攻で多数の砲雷撃を受け沈没した

大和に似た艦容を持つ

阿賀野型軽巡３番艦として竣工。第一〇戦隊に編入され、フィリピン方面で警備行動をする。『阿賀野』沈没後は将旗を移掲し、マリアナ沖海戦やレイテ沖海戦に参加。その後、日本に戻り第二水雷戦隊旗艦となり、シンガポールへの輸送任務に従事。沖縄特攻で出撃し、米艦載機の集中攻撃を受けて沈没した

阿賀野型軽巡 **矢矧** *YAHAGI*

竣工・昭和18年(1943)12月29日〜
沈没・昭和20年(1945) 4月7日
基準排水量　6652トン
全長　174.5メートル
主兵装　50口径15.2センチ連装砲 3基6門

生還の見込みがない海上特攻作戦に大和出撃

昭和20年（1945）4月1日、米軍が沖縄本島に上陸を開始した。物量に優る米軍に対し、沖縄を守備する陸海軍は持久戦による遅滞戦術で抵抗するが、劣勢なのは火を見るより明らかだった。

本土でも米軍に対し航空機攻撃を行なう天一号作戦が発令され、さらに航空機による特攻作戦も開始。必死の攻撃の中で連合艦隊司令部は戦艦『大和』を基幹とする第二艦隊を沖縄に突撃させ、海岸に座礁させて砲台とする作戦

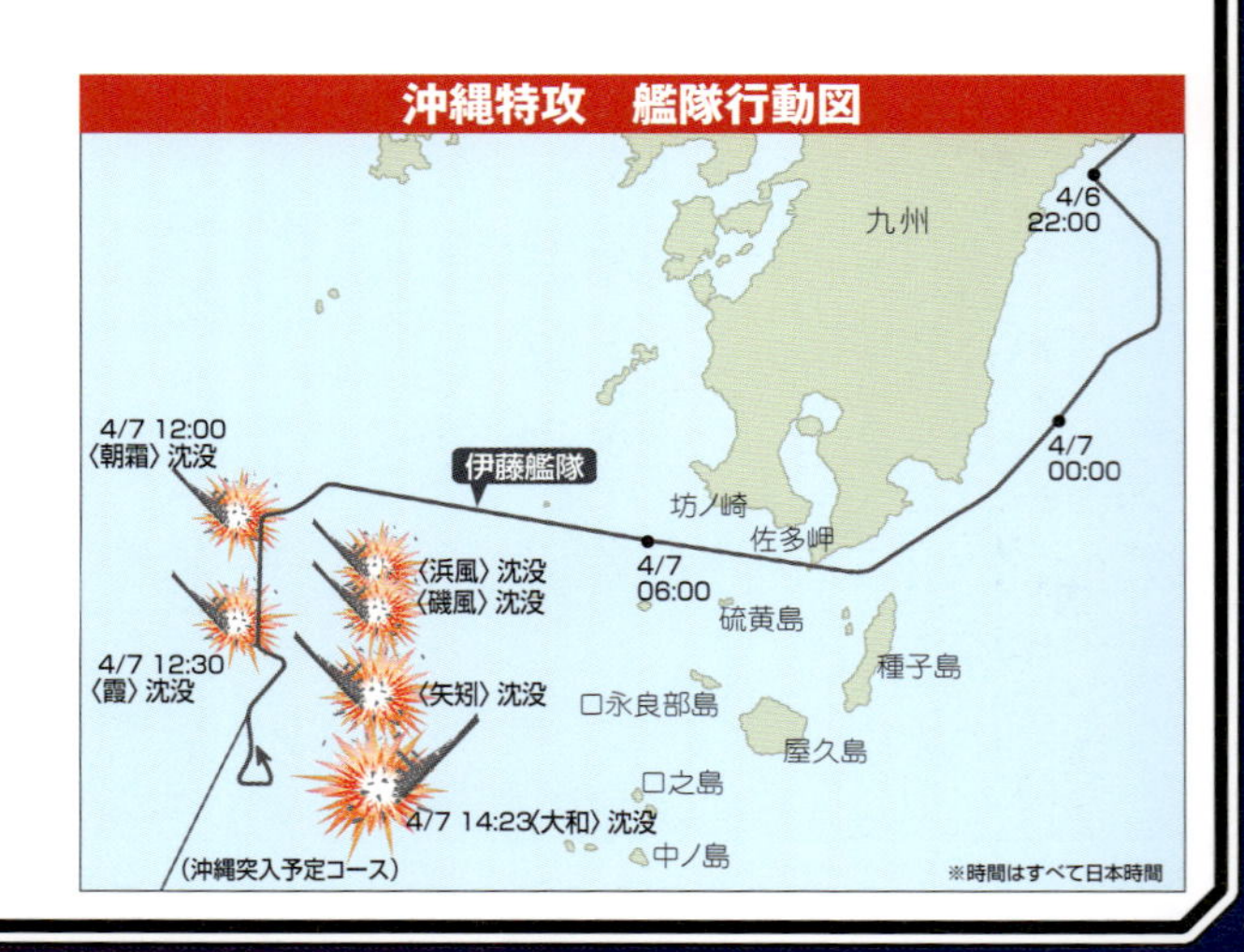

沈没直後に大爆発を起こした戦艦大和

海中に没した『大和』は爆発を起こし巨大なキノコ雲を発生させた。その爆煙は攻撃をした米軍機搭乗員だけでなく、沈没により海面に投げ出された『矢矧』ら乗組員からも目撃されたという

陽炎型駆逐艦 磯風 ISOKAZE

竣工・昭和15年(1940)11月30日～
　沈没・昭和20年(1945) 4月7日
基準排水量　2000トン
全長　118.5メートル
主兵装　50口径12.7センチ連装砲
　2基4門

陽炎型駆逐艦12番艦。真珠湾攻撃からレイテ沖海戦まで参加した歴戦艦だった。本海戦で行動不能となり自沈処分された

初春型駆逐艦 初霜 HATSUSHIMO

竣工・昭和9年(1934) 9月27日～
　沈没・昭和20年(1945) 7月30日
基準排水量　1400トン
全長　109.5メートル
主兵装　50口径12.7センチ連装砲
　2基4門

初春型駆逐艦の４番艦。南方作戦や蘭印作戦に従事後、北方戦線で行動。本海戦から生還した数少ない艦となった

秋月型駆逐艦 涼月 SUZUTSUKI

竣工・昭和17年(1942)12月29日～
　太平洋戦争終戦時まで残存
基準排水量　2701トン
全長　134.2メートル
兵装　65口径10センチ連装高角砲
　4基8門

秋月型駆逐艦の３番艦。竣工後輸送任務や護衛任務に従事。沖縄特攻作戦で雷撃を受け艦首が破損するが、無事帰投した

日本海軍人物ガイド

伊藤整一（いとうせいいち）大将

明治23年（1890）福岡県生まれ。海軍大学校を首席で卒業し、頭角を現した。重巡や戦艦の艦長、第八戦隊司令官などを歴任。海外駐在歴も長く、国際感覚を備えていたとされる。その後連合艦隊参謀長を経て軍令部次長に就任、これは異例な人事であった。昭和19年末に第二艦隊司令長官となり、沖縄特攻で『大和』に座乗。『大和』沈没の際に艦に残り、艦と運命を共にし、死後特進した。享年56。

沖縄特攻参加艦艇表

●日本軍
★第１遊撃部隊
　第２艦隊　司令長官／伊藤整一中将
　【戦艦】大和
　第２水雷戦隊　司令官／古村啓蔵少将
　【軽巡】矢矧
　　第41駆逐隊【駆逐艦】冬月、涼月
　　第21駆逐隊【駆逐艦】朝霜、初霜、霞
　　第17駆逐隊【駆逐艦】磯風、雪風、浜風
●アメリカ軍
★アメリカ海軍　司令官／M･ミッチャー中将
　【空母】14隻
　【戦艦】２隻
　【重巡】４隻
　【軽巡】２隻
　【駆逐艦】31隻
　【空母機】930機

を立案した。第二艦隊司令長官の伊藤整一中将は、最初この作戦に反対したが、草鹿龍之介連合艦隊参謀長から「一億総特攻の魁となっていただきたい」という説得を受けて、出撃を決意した。

同年４月６日、柱島を出港した第二艦隊は欺瞞航路を取りながら沖縄へと向かうが、その動きは連合国軍に察知されていた。空母８隻、軽空母６隻からなるミッチャー中将率いる空母部隊は、第二艦隊を殲滅するべく、航空機を繰り出す。シブヤン海海戦で大和型戦艦の打たれ強さを知る米軍は、片舷に魚雷攻撃を集中させる戦術を取った。

直掩機もなく、数次にわたる空襲を受けた第二艦隊は、『大和』『矢矧』などを失い、作戦は失敗。これが日本海軍最後の本格的な艦隊出撃だった。

日本海軍の艦艇の中では最短命となってしまった空母信濃と、大型艦同士が衝突するという事故を2度も起こしてしまった重巡最上こそ、まさに不遇の艦と呼ぶにふさわしい

海軍で最も不遇な艦と呼ばれるのが空母信濃と重巡最上

空母『信濃』は本来、大和型戦艦の3番艦として誕生するべく建造が開始されていた。しかし、大戦が始まると損傷艦の修理に追われ、工事が中断。さらにミッドウェー海戦で大型空母を喪失したことにより、『信濃』は空母へと計画変更された。

横須賀工廠で工事が行なわれたが建造は遅れに遅れ、ようやく完成したのが昭和19年（1944）11月19日だった。残された艤装工事を完成させるため、28日には呉へ向けて初めての航海に出た。ところが紀伊半島沖を通過中に、警戒任務についていた米潜水艦『アーチャーフィッシュ』に雷撃を受けてしまう。『信濃』の右舷に4本の魚雷が命中したが、大和型戦艦の頑強な艦体を持っていたため、20ノットでの航行が可能だった。そのまま航行を続けたが、乗り組んだばかりの乗員たちは防水ハッチを閉める訓練も受けていない。結局浸水を止めることができず、沈没してしまう。『信濃』は、艦歴わずか10日と、日本海軍では最短命な艦艇となってしまった。

［信濃型空母］信濃 SHINANO

竣工・昭和19年(1944)11月19日〜
沈没・昭和19年(1944)11月29日

基準排水量	6万2000トン
全長	266メートル
搭載航空機	艦戦18機(補用2機) 艦攻18機(補用2機) 艦偵6機(補用1機)

重巡『最上』は、味方の重巡と2度も衝突する不遇艦だった。ミッドウェー海戦では攻略部隊として進撃し、ミッドウェー島に接近。しかし、日本軍の機動部隊が壊滅して、退却に転じた。その途上、敵潜水艦発見の報告に艦隊は大混乱し、『最上』は僚艦の『三隈』と衝突してしまい、『最上』の艦首が完全に破壊されてしまった。一方、速度を減じた『三隈』は米艦載機の空襲を受けて沈没。『最上』はかろうじて生還することができた。

内地に帰還した『最上』は、修理の途上で後部の主砲塔を撤去して、史上初の航空巡洋艦として生まれ変わる。しかし活躍の場はマリアナ沖海戦しかなく、最期となったレイテ沖海戦は、航空巡洋艦としての能力が発揮できない夜戦となってしまった。西村艦隊の一員としてスリガオ海峡へ突入した『最上』は、強力なアメリカ戦艦部隊と交戦し、操舵不能の被害を受けてしまう。それでも乗員たちは懸命に退避にかかっていたが、西村艦隊に追随していた志摩艦隊の重巡『那智』と衝突。これでさらに被害が増大し、夜が明けてからの空襲でついに沈没してしまった。

［最上型重巡］最上 MOGAMI

竣工・昭和10年(1935)7月28日〜
沈没・昭和19年(1944)10月25日

基準排水量	1万2400トン
全長	200.6メートル
兵装	50口径20.3センチ連装砲3基6門

COLUMN

幸運艦と呼ばれた艦

日本海軍では「呉の雪風、佐世保の時雨」という言葉があり、武勲を表すと同時に幸運艦とも呼ばれた。消耗の激しい艦艇の中で、多くの激戦をくぐり抜けた艦はまさに幸運艦と呼ぶしかないのだ

日本海軍で幸運艦の代名詞的存在として語られる陽炎型駆逐艦８番艦『雪風』

主要艦艇の中では空母瑞鶴も幸運艦と呼ばれていた

数々の激戦に参加しながら、ほとんど無傷での生還を繰り返し、大戦中から海軍将兵たちに幸運艦と呼ばれていた艦艇があった。その代表的な例を挙げるとしたら空母『瑞鶴』、駆逐艦『雪風』『時雨』などがある。

『瑞鶴』は劈頭の真珠湾攻撃を皮切りにセイロン沖海戦、珊瑚海海戦、第二次ソロモン海戦、マリアナ沖海戦などに中核として参加。何度もアメリカ艦載機の空襲を受けたが、攻撃は常に行動を共にしていた姉妹艦『翔鶴』にばかり集中し、『瑞鶴』は無傷で激戦をくぐり抜けている。将兵から幸運艦と呼ばれるようになったが、最後の出撃となったレイテ沖海戦では、敵の艦載機の攻撃を引き受ける役目を果たし、遂に沈没してしまった。

駆逐艦『時雨』は初期ではミッドウェー海戦でしか目覚ましい激闘はなかったが、ソロモン戦線ではサボ島沖夜戦、第三次ソロモン海戦などを無傷で生還し、ガダルカナル島への輸送作戦に何度も従事。駆逐艦の消耗が激しい中を生き抜く。さらにレイテ沖海戦では西村艦隊に従軍して、艦隊特攻となってスリガオ海峡に突入。艦隊の他の艦がすべて沈没するなかで、『時雨』だけが無傷で生還。当時は『雪風』以上の幸運艦と呼ばれたが、昭和20年1月にマレー沖で輸送任務中に潜水艦の雷撃を受けて沈没した。

このように幸運艦と呼ばれた艦の多くは最終的には沈没したが、そのなかで唯一、天寿を全うした奇跡の幸運艦が、駆逐艦『雪風』だった。初陣となったフィリピン侵攻作戦以来、スラバヤ沖海戦、ミッドウェー海戦、南太平洋海戦、第三次ソロモン海戦、アリューシャン海戦、コロンバンガラ島沖夜戦、マリアナ沖海戦、レイテ沖海戦と、常に最前線で戦ったが、小破の被害さえ受けなかった。艦長の寺内正道中佐は「俺が指揮しているのだから当然」と豪語し、戦艦『大和』の沖縄特攻に随伴した時も数発の機銃弾を受けただけで無傷だった。

戦後は賠償で台湾海軍に譲られ、『丹陽』と名を変えて１９６５年まで台湾海軍の中心として活躍を続けていた。

姉妹艦『翔鶴』と対照的に数多くの海戦を無傷でくぐり抜け続けた翔鶴型空母２番艦『瑞鶴』

日本海軍の誕生と終焉

日本の沿岸警備のために誕生した日本海軍だったが、大陸進出に準じて増強を繰り返し、太平洋戦争開戦の時点では世界第3位の海軍大国と呼ばれるまでに成長していた

イギリスから輸入した戦艦『三笠』は、当時としては世界最強の戦艦と謳われた。日本海軍はこの高価な戦艦を4隻も輸入して、開戦が予測されるロシアとの艦隊決戦に備えていた

日本海軍は誕生からわずか30年で世界列強に肩を並べた

江戸時代末期、徳川幕府は近海に出没する外国船からの脅威を防備するため、幕府海軍を設置。日本は島国だから、沿岸警備のために海軍が必要だとの発想は、実は徳川幕府を起源にしている。王政復古の後、明治政府に参じた勝海舟などが、海軍の必要性を説き、日本海軍が陸軍と分離して、正式に発足したのは明治5年（1872）のことで、東京築地に海軍省が設置された。

当初の海軍の目的は沿岸警備だったが、明治政府の大陸進出で清国との緊張が高まってくると、他国との戦争を想定した海軍力の充実が図られるようになった。そして、明治27年（1894）の日清戦争で黄海海戦を勝利したことにより、日本海軍は外国と戦う力があることを実証してみせた。

しかし、日清戦争で得た大陸の領地を、ロシアなどの三国干渉で返還。日本にはロシアと戦う海軍力はなく、屈服したのだった。その結果、いずれロシアと戦う海軍力を得るという目的で、日本政府は国民にまで臥薪嘗胆（がしんしょうたん）を強いて、イギリスから戦艦『三笠』などを輸入。海軍力は飛躍的に増強し、明治37年（1904）に始まった日露戦争ではロシア太平洋艦隊を圧倒し、翌年の日本海海戦ではバルチック艦隊を相手に一方的な大勝利を演じることとなる。日露戦争の結果、戦時賠償で鹵獲したロシアの戦艦なども得て、日本海軍は一気に世界の列強と肩を並べるまでに成長していった。

しかしそれはまた、いたずらに海軍力の増強に国費を費やす結果に繋がっていく。大国に侵攻されても、それに負けない海軍力を獲得すれば、日本は安泰だ。それが、日露戦争後の海軍増強の国是となり、海軍は新戦艦の建造に邁進することとなる。それは、日本

3段甲板時代の『赤城』と並ぶ戦艦『長門』

COLUMN

実質的な日本海軍最後の戦いとなった昭和20年（1945）４月７日の沖縄特攻では、戦艦『大和』が軽巡『矢矧』と駆逐艦８隻を率いて出撃。アメリカ軍艦載機の空襲でついに沈没した。画像は海中で大爆発を起こす『大和』の噴煙と『雪風』『初霜』などの駆逐艦

と肩を並べる海軍国だったアメリカとイギリスも同じ事情だった。ついには建艦競争が、国家経済まで圧迫するようになってしまう。

しかし、日本海軍はそんな状況下で41センチ主砲を搭載する戦艦と巡洋艦を8隻ずつ建造する『八八艦隊計画』を開始。その1号艦として世界で初めて41センチ主砲を搭載する戦艦『長門』を完成させた。

それに仰天したアメリカでは、建艦競争を抑止するため、軍縮条約の開催を提起。それにイギリスなども同調して、大正11年（１９２２）にワシントン海軍軍縮条約が締結された。さらにロンドン海軍軍縮条約と続き、日本は戦艦の保有が対米英6割までとなり、空母や巡洋艦などの艦艇の保有総トン数も制限されてしまう。

軍縮条約は昭和11年（１９３６）に日本が破棄を通告。ここから新たに建艦競争が始まり、日本海軍は大和型戦艦などの建造に着手した。

最大限の準備の上で始まった太平洋戦争だが、戦況は結果的には消耗戦となった。日本海軍はアメリカの工業生産力に抗しようがなく、連合艦隊は壊滅状態。終戦時に戦闘可能だったのは、巡洋艦3隻、駆逐艦20隻など僅かで、大型艦では戦艦『長門』、空母『葛城』『隼鷹』が中破の状態で残るのみだった。こうして日本海軍は終焉を迎えた。

軍縮条約のきっかけとなり日本海軍の象徴だった戦艦『長門』はビキニ環礁で水爆実験に使われ沈没した

参考文献

『戦史叢書　ハワイ作戦』　朝雲新聞社
『戦史叢書　南東方面海軍作戦』全３巻　朝雲新聞社
『戦史叢書　中部太平洋方面海軍作戦』全２巻　朝雲新聞社
『戦史叢書　ミッドウェー海戦』　朝雲新聞社
『戦史叢書　北東方面海軍作戦』　朝雲新聞社
『戦史叢書　マリアナ沖海戦』　朝雲新聞社
『戦史叢書　海軍捷号作戦』全２巻　朝雲新聞社
『戦史叢書　沖縄方面海軍作戦』　朝雲新聞社
『戦史叢書　陸海軍年表　付兵語・用語の解説』　朝雲新聞社
『写真　日本の軍艦』全14巻　光人社
泉江三『軍艦メカニズム図鑑　日本の戦艦』（上・下）　グランプリ出版
長谷川藤一『軍艦メカニズム図鑑　日本の航空母艦』　グランプリ出版
『第二次大戦　海戦事典1939-45』　光栄
佐藤和正『太平洋海戦』全３巻　講談社
伊藤正徳『連合艦隊の栄光』　角川書店
坂本正器／福川秀樹『日本海軍編制事典』　芙蓉書房出版
宇垣纏『戦藻録』　原書房

CGで甦る
出撃！日本海軍

平成28年8月31日　第1刷

CG制作　一木壮太郎
編　集　オフィス五稜郭
執　筆　西村 誠
須本浩史
井上岳則
地図製作　オフィス五稜郭
デザイン　難波義昭
発行人　山田有司
発行所　株式会社　彩図社
東京都豊島区南大塚3-24-4
MTビル　〒170-0005
TEL:03-5985-8213　FAX:03-5985-8224
印刷所　シナノ印刷株式会社
U R L　http://www.saiz.co.jp
Twitter　https://twitter.com/saiz_sha

©2016.saizusha printed in Japan. ISBN978-4-8013-0174-0 C0021
乱丁・落丁本は小社宛にお送りください。送料小社負担にて、お取り替えいたします。
定価は表紙に表示してあります。
本書の無断複写は著作権上での例外を除き、禁じられています。